！撕絲入口！

辣媽Shania的
秒殺手撕麵包

辣媽Shania

作者序

原本我對於手撕麵包興趣缺缺，最主要是因為市面上多數食譜都是以漂亮的卡通人物或精緻圖案為主題，而我偏偏又是個缺乏美術天分，也沒有太多耐心在一個麵包上精雕細琢的人，便默默地自認為跟手撕麵包無緣了。

比你想像的更輕鬆簡單！

偶然情況下，在網路上看到一些很隨性就能做出來的麵包，剛好都是放在烤模裡烘烤的，這才翻找出塵封已久的烤模，試著任意分割麵糰，意外地做出漂亮且療癒的麵包，而麵糰緊緊相連在一起的組合，也讓麵包變得更柔軟了。

而且，最享受的不光是外型而已，在一個一個扒開的瞬間，自然牽絲的拔絲感覺實在太療癒，原來這麼簡單就可以讓麵包變得如此柔軟啊！

視覺／味覺超療癒！

我特別喜歡觀賞麵包在烘烤之後，烤模形狀引導著麵包往上長大的模樣，真的好可愛！

不同的烤模讓麵包的造型有了更多面向，「中空烤模」讓麵包成為一個美麗的花圈，各式麵糰在其中造就了不同的款式與顏色，而做起來和吃起來都很療癒是他們的共通點。

還記得當初隨性做出蔥花捲花圈麵包後，第一次在粉絲專頁分享，就收到熱烈不已的迴響。大家都回覆說實在太美了～

「蛋糕烤模」讓麵包可以呈現出如蛋糕般的外觀，比一般麵包多了些精緻感，華麗而大器。這樣的麵包，撕開的模樣更是看不完的牽絲啊～特別適合需要餡料均勻分布、以便每口都能吃到餡的麵包，像是芋泥、大蒜等等。漂亮的造型，特別適合送人。

「方形烤模」宛如九宮格般，一顆顆蓬蓬的麵包排列在一起，光是看著，幸福感便油然而生，還特別有早餐的溫馨氛圍。一顆顆扒開，搭配好吃的抹醬，或是夾入喜歡的漢堡肉及蔬菜，就搖身一變成柔軟的方型漢堡囉！

何其幸運，在偶然機會下，發現麵包的另一種可能。很開心在一連串的分享下，《辣媽的手撕劇》獲得大家熱情的回饋，紛紛敲碗要求把手撕包集結成冊，完完全全滿足了自己的虛榮心啊！更重要的是，滿滿的感謝要對大家說呢！

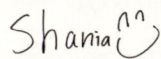

Contents

Introduction
工具、食材與手撕麵包基礎

基本工具	010
基本材料	012
手撕麵包製作流程	015
麵糰製作方法	016
烘焙紙這樣鋪	019
常見問題	021
Column 網友實作大好評	023

01 基本麵糰、麵糊與餡料及裝飾

麵糰與麵糊 …… 028
- 老麵麵糰 …… 028
- 巴布羅麵糊 …… 028
- 菠蘿麵糰 …… 029

餡料與裝飾 …… 030
- 香濃滑順的卡士達醬 …… 030
- 大蒜橄欖油 …… 030
- 微鹹的風味焦糖醬 …… 031
- 微酸甜可口的蔓越莓果醬 …… 031
- 奶味十足的蔓越莓乳酪醬 …… 031
- 天然果肉的蘋果醬 …… 032
- 綿密而蓬鬆的芋泥餡 …… 032
- 鹹中帶甜的奶酥餡 …… 033
- 原味現磨的花生醬 …… 033
- 百搭款燻雞肉洋蔥餡 …… 033
- Q軟好吃的麻糬 …… 034
- 烤玫瑰蘋果花 …… 035
- **Column** 風味麵包的關鍵調味 …… 036

02　原味手撕麵包

方形原味手撕包 …………… 040	歐式無油黑糖葡萄乾手撕包 …… 065
中空原味手撕包 …………… 042	焦糖核桃手撕包 …………… 068
奶油巴布羅手撕包 ………… 044	中種法鹽可頌手撕包 ……… 071
大理石巴布羅手撕包 ……… 047	大胃王手撕包 ……………… 074
玫瑰花環手撕包 …………… 050	圓形蔓越莓手撕包 ………… 076
田園花冠手撕包 …………… 052	Q軟鹽麴手撕包 …………… 078
珍珠皇冠重奶油手撕包 …… 055	甘酒手撕包 ………………… 080
台式菠蘿手撕包 …………… 057	可愛熊熊手撕包 …………… 082
漢堡寶手撕包 ……………… 060	隨性煉乳手撕包 …………… 085
黑糖杏仁葡萄乾手撕包 …… 062	香濃南瓜手撕包 …………… 088

03　夾餡手撕麵包

紅豆鮮奶油手撕包 ………… 094	抹茶紅豆麻糬手撕包 ……… 112
香草卡士達手撕包 ………… 097	蘋果手撕包 ………………… 115
巧克力手撕包 ……………… 100	巧克力麻花手撕包 ………… 118
芋泥辮子手撕包 …………… 103	細軟甜奶油手撕包 ………… 121
蔓越莓鹹甜奶酥手撕包 …… 106	花生手撕包 ………………… 124
蔓越莓乳酪手撕包 ………… 109	黑芝麻手撕包 ……………… 127

04 鹹味手撕麵包

帕瑪森手撕包 …………………… 132
香蒜奶油手撕包 ………………… 134
九層塔火腿起司手撕包 ………… 137
黑胡椒培根起司花圈 …………… 142
燻雞洋蔥起司手撕包 …………… 145
蔥花捲手撕包 …………………… 148
軟 Q 大蒜手撕包 ……………… 151
蔥花肉鬆漩渦手撕包 …………… 153

05 迷你天使手撕包

巧克力手撕花圈 ………………… 158
地瓜手撕花圈 …………………… 160
茶香紅豆乳酪手撕花圈 ………… 163
蜂蜜核桃軟法手撕花圈 ………… 166
蔥花花圈手撕包 ………………… 169

掃描QR CODE
跟著辣媽一起開心做手撕麵包

焦糖核桃手撕包

中種法鹽可頌手撕包

香草卡士達手撕包

巧克力手撕包

芋泥辮子手撕包

蔓越莓鹹甜奶酥手撕包

蔓越莓乳酪手撕包

抹茶紅豆麻糬手撕包

香蒜奶油手撕包

九層塔火腿起司手撕包

黑胡椒培根起司花圈

蔥花肉鬆漩渦手撕包

- *Introduction* -

工具、食材與手撕麵包基礎

基本工具

④ 天使烤模
②
④ 活動式蛋糕烤模
①
④ 正方形烤模

❶ 麵包機
在本書裡，會使用到麵包機來製作麵包麵糰，只要確定麵包機裡面有【快速麵糰】／【麵包麵糰】功能即可。

❷ 攪拌器
除了麵包機外，本書所有的麵包都可以使用攪拌器來攪拌麵糰，畢竟攪拌麵糰十分費力，好的攪拌器可以幫我們省時又省力，麵糰也可以揉得更光滑。

❸ 麵包割線刀／廚房剪刀
可在麵包表面劃出紋路的麵包割線刀。如果是製作歐式麵包，必須使用專用的麵包割線刀。但若製作非歐式的麵包款式，也可使用乾淨的美工刀來操作。

❹ 模具
本書使用四種模具，分別為直徑約 21cm 的天使烤模、17cm 的正方形烤模、6 吋的活動式蛋糕烤模，以及 13cm 的迷你天使烤模。

❺ 手粉罐
製作麵包時，需要適量的手粉才不會容易沾黏。可事先將麵粉裝在手粉罐裡面，需要手粉時，只需要輕輕倒出，操作起來很方便。

❻ 烘焙紙
事先鋪在烤盤上，待麵包整形之後可以放到烘焙紙上面，以防麵糰沾黏。也可以直接用來包裝麵包，讓麵包看起來更有自然手作的氛圍。

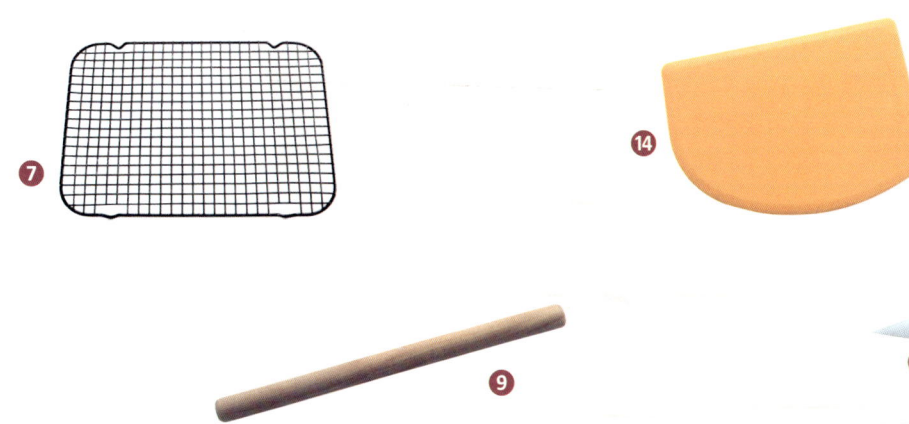

❼ 網架
剛出爐的麵包必須放涼,架子的底部必須呈現網狀,才不會讓麵包底部因為熱氣無法散出而受潮。

❽ 隔熱手套
可安全取出剛出爐的麵包,防燙傷的必備用品。

❾ 擀麵棍
本書選擇使用塑膠製的擀麵棍,比較沒有因保存不當導致發霉的問題。

❿ 噴水器
一般雜貨店都可以購買到。在製作麵包的過程中,若發現麵糰偏乾,可以噴適量的水讓麵糰恢復濕潤。

⓫ 刮刀
打麵糰或是製作菠蘿皮時,可以用來清除沾黏在麵包盆旁的麵粉等材料。

⓬ 計時器
烘焙必須要精準地掌握時間,計時器是非常重要的工具。

⓭ 電子秤
為了精準做出好麵包,電子秤是必備的工具。

⓮ 刮板
做為分割麵糰,整形時候使用。

⓯ 擠花袋
麵糊、鮮奶油、甘納許或卡士達等內餡會需要用到的工具袋,可搭配花嘴使用,擠出想要的裝飾或造型。

基本材料

以下簡單介紹製作手撕麵包時會使用到的基本材料

❶ 高筋麵粉

● 高筋麵粉

本書的手撕包多使用統一麥典實作工坊麵包專用粉，為高筋麵粉的一種。高筋麵粉有足夠的筋性，能做出有嚼勁的麵包。

各家高筋麵粉的吸水量會有些許差異，吸水量較少的約在 60% 左右（麵粉的 60% 重量 = 水量）。

● 低筋麵粉

低筋麵粉的筋性最低。本書的低筋麵粉有兩個用途，一個是添加在麵包裡面，讓麵包口感更加柔軟，另一個是用來製作菠蘿皮，好讓成品在剛烤完會呈現酥脆狀態，隔天則會稍微鬆軟。

● 法國粉

用於製作法國麵包的專用粉。

❷ 速發酵母

本書使用一般速發酵母，速發酵母使用起來非常方便，用量少，可以迅速地與水融合並發酵。有些乾燥酵母必須先與水分混合均勻才能使用，使用速發酵母就不會有這樣的問題。

❸ 鮮奶

使用一般市售鮮奶即可。

❹ 鮮奶油

本書所使用的是動物性鮮奶油。

❺ 奶粉

用於增添風味，讓烤色更美，一般市售的成人奶粉，於烘焙材料行購買可以買到方便使用的小包裝。

❻ 雞蛋

雞蛋可以用來取代部分的水分，是天然的乳化劑，可讓麵包質地更為柔軟。用於菠蘿皮中，則可以讓皮具有蛋香味，口感也更鬆酥。

❼ 鹽

可抑制麵糰過度發酵，也可以提味，並增加麵糰的彈性。

❽ 澳洲鹽片

是來自澳洲的河鹽，味道較一般食用鹽更有層次感，也不會死鹹。使用在麵包上，可以增加風味。若住家附近的超市買不到，也可以用鹽之花代替。

❾ 糖類

● 白砂糖
本書大部分的食譜是使用細砂來製作。

● 糖粉
質地顆粒更細緻，用來製作奶酥餡料以及波蘿皮。

● 黑糖
富含鐵質，放在麵包裡別有風味。

❿ 珍珠糖

常使用在比利時鬆餅上，在烘焙材料行就買得到。珍珠糖提煉自甜菜根，熔點較高，適合放在麵包上做裝飾，不會因為烘烤而融化。

⓫ 可可粉

食譜裡面所使用的可可粉皆為無糖可可粉，可可粉有顏色深淺之分，風味也會不同，選擇自家喜歡的品牌即可。

⓬ 抹茶粉

請使用烘焙專用的無糖抹茶粉（如森半的無糖抹茶粉），一般沖泡用的綠茶粉因為不耐高溫，烘烤之後顏色會產生變化。

⓭ 水

夏天建議使用冰水，冬天則使用常溫水。

⓮ 堅果類

杏仁片及杏仁角可以在烘焙材料行買到。兩者皆很適合放在麵包表面，以增添口感與香氣。

⑮ **香草豆莢**
富有天然濃郁香氣的香草豆莢，多使用在甜點上。在烘焙材料行都可以買得到，本書用於製作卡士達醬。

⑯ **耐烤巧克力豆**
可在烘焙材料行購買，通常都放在冷藏區。烘烤之後若稍微融化，為正常現象，不用擔心。

⑰ **奶油乳酪（cream cheese）**
奶油乳酪常被拿來做起司蛋糕，本書則是用來當做麵包的內餡或是放在麵糰裡取代奶油。

⑱ **油脂**
● 液態油
常用的橄欖油，玄米油，葵花油，沙拉油都可以。

● 奶油
本書食譜中如果沒有特別強調是有鹽奶油，則採用的都是無鹽奶油。使用前，請先放於室溫軟化。

⑲ **米麴**
將麴菌加入米中進行發酵的產物，在日本又被稱為「米花」，是製造鹽麴、味噌及甘酒不可或缺的原料。建議可在網路的平台購買，比實體店鋪容易購得。

手撕麵包製作流程

對新手來說，即使覺得麵糰整形不是那麼容易上手，但在這本書中，只要切一切、捲一捲、疊一疊便能輕鬆整形。放入烤模後，會順著模具的形狀長大，自然而然地幫忙修正了麵包的形狀，怎麼做都很美。手撕麵包的製作流程如下：

STEP.1
揉麵約 20 分鐘

▼

STEP.2
一次發酵 60 分鐘

▼

STEP.3
分割／鬆弛／整形

▼

STEP.4
二次發酵 40～60 分鐘不等

● 如果手撕麵包裡面有餡料的話，建議可以在前一天事先做好，製作麵包時就不會手忙腳亂了！

▼

STEP.5
鋪上烘焙紙，放入烤箱烘烤

建議烘烤時間

中空烤模
16～20 分鐘

6 吋蛋糕烤模
18～22 分鐘

四方形烤模
18～20 分鐘

> 模具因使用的材質不同，導熱效率會不太一樣，請大家多加嘗試，找出自家模具最適合的烘烤時間喔！

麵糰製作方式

麵包機操作

本書以胖鍋 MBG-036s 行程的內容與時間為例，使用最多的是【快速麵糰】功能，包含揉麵＋一次發酵（基礎發酵），總共約 1 小時 20 分鐘不等。如果使用不同品牌的麵包機，可以找總時程相近的功能，例如【麵包麵糰】模式。

少數食譜（如歐式麵包）會用到【揉麵】功能，所需時間為 15 分鐘，發酵方式請見各食譜中的說明。

操作方法

1. 將材料：水→砂糖→酵母→麵粉→鹽→奶油，依順序放入麵包機中。
2. 啟動【快速麵糰】模式即可。

這樣做麵包更好吃！

- 如果方便的話，建議奶油在揉麵後約 3 分鐘再放入，麵糰狀態會更好。
- 如果使用其他麵包機的【麵包麵糰】模式，會建議在行程結束之後，按取消鍵，讓麵糰繼續放在麵包機裡面 15～20 分鐘，一次發酵時間更足夠，也會讓麵包更美味。

手揉麵糰操作

操作方法

依下列步驟操作即可。

1. 水→砂糖→酵母→麵粉→鹽放入調理盆中 1 ，用木匙攪拌到稍微成團後 2 3 ，將麵糰移動到桌面上。

2. 如圖所示，將麵糰一前一後分開 4 ，再用刮板輔助捲起來 5 ，重複幾次到麵糰稍微不黏手。

3. 在 2 中包入奶油 6 7 ，重複剛剛步驟 2 的動作 8 ，直到麵糰不黏手為止。

4. 改以雙手一起揉麵 9 ，一前一後 10 揉麵需持續約 7～10 分鐘，直到麵糰如圖片中顯示的光滑程度 11 。在揉麵糰過程中，如果發現麵糰稍微偏乾，可以慢慢加入少量水分，好讓麵糰更光滑。

5. 將麵糰放回盆中，用保鮮膜覆蓋起來，並放到烤箱內維持約 30℃ 左右的溫度發酵 60 分鐘。

6. 取出麵糰後，手沾手粉從中間鑽一個洞，沒有回縮則代表一次發酵完成 12 ，之後就可以照著食譜步驟分割及整形。

TIP

- 若為歐式麵包的食譜，由於麵糰含水量較高，用手揉的話，難度會增加很多。

攪拌器操作

> 操作方法

依下列步驟操作即可。

1. 冰水→砂糖→一半麵粉→酵母→剩餘麵粉→鹽放入調理盆中 1 。

2. 使用勾狀的攪拌棒 2 ，轉 1 速讓所有材料都混合均勻，約 3 分鐘即可成團 3 。如果鋼盆裡有殘留的粉，記得用刮刀刮乾淨，再進行下一步。

3. 轉 2 速打 2 分鐘，之後放入油脂 4 ，再轉至 1 速 2 分鐘，最後以 2 速打 5～7 分鐘，每一台機器使用起來略有不同，重點是要打出薄膜 5 。

4. 將麵糰放回盆中 6 ，用保鮮膜覆蓋起來，並放到烤箱內維持約 28℃左右的溫度，發酵 60 分鐘。

5. 手沾手粉從中間鑽一個洞 7 ，沒有回縮，則代表一次發酵完成，之後便依照食譜步驟分割和整形即可。

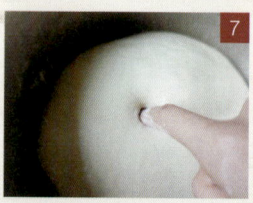

烘焙紙這樣鋪

製作手撕麵包時，為避免麵包沾黏，本書一律會在模具中鋪上烘焙紙。

 **21cm 天使模具**

1 將烘焙紙剪成一個長約 20cmx8cm 的長方形，先套在中間突起部分 **1**。

2 再取一張烘焙紙，約 25x25cm，兩次對摺成正方形之後，在中間剪兩刀 **2**，方便露出中空煙囪部分。

3 在烘焙紙的邊緣剪出 4 刀 **3**，讓邊緣烘焙紙可以平順地服貼在模具內部 **4**。

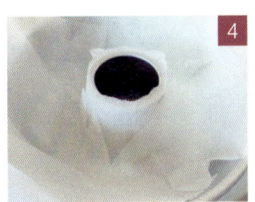

 6 吋活動蛋糕模具

1 拆下蛋糕模底部，先把烘焙紙剪裁成正方形，之後對折兩次 **1**，剪出弧線 **2**，完成鋪在底部的烘焙紙。

2 之後剪裁約 10cmx22cm 的烘焙紙，圍繞在烤模邊緣 **3**，就完成了 **4**。

17cm 正方形模具

1. 剪裁出 25x25cm 的正方形烘焙紙 1 ，將烤盤翻過來，把剪好的烘焙紙鋪在上面，先用手壓出痕跡 2 ，便能確定底部的大小。

2. 於烘焙紙四邊摺出更深的痕跡之後 3 ，在四邊剪出四道 4 ，就可以順利放進烤盤中 5 。

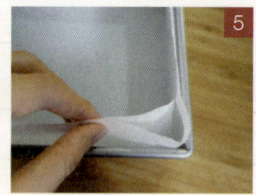

13cm 迷你天使模具

當初在網路上看到，因為實在太可愛了，第一眼就愛上。這是一款一人份的手撕餐包模具，做麵包時，可依照每位家人的喜好，包入每個人喜歡吃的餡料，跟以往手撕餐包一次只能做一種口味不同。烤好的麵包外型十分討喜，大幅提升做麵包的動力，是做烘焙時最幸福、開心的時候。這個模具體積較小，適合堆疊起來，收納完全不佔空間。

常見問題

Q 麵糰黏手怎麼辦？

A 每一款高筋麵粉適用的水量都不太一樣，本書食譜所列的水量是以統一麥典麵粉為主，水分僅供參考。如果麵糰太黏手，可以撒適量的手粉以方便整形。或者在下一次打麵糰時，適當地減少水分。

另外，氣候也會影響到使用的水量，夏天所需要的水量會稍微少一點，冬天則需要多一點。

Q 麵包材料中的水分可以用鮮奶取代嗎？

A 水與鮮奶的互換，除了比例不一樣之外，烤溫的設定也需要調整。除非自己對於麵糰的狀態已經很熟練，否則不建議自行修改配方喔！

Q 製作麵包時，可以不加糖或減糖嗎？

A 糖對麵包來說，除了能增加甜味與香氣之外，還可以讓麵包上色的更漂亮，並具保濕功能。如果上述特點，讀者不是很介意的話，就可以依照個人喜好斟酌。

Q 手撕麵包可以跟晨烤麵包一樣，二次發酵完之後入冷凍，隔天早上再晨烤嗎？

A 不建議！手撕麵包是緊緊相連的麵糰，如果前一天先拿去冷凍了，隔一天再烘烤，烘烤時間會拉長，而且很難判斷麵包是否已經烤熟。

Q 沒有發酵箱，可以放在室溫發酵嗎？

A 夏天可以放室溫，但記得要放在如烤箱之類的密閉空間內，以保持麵糰的溼度。如果是在 15℃ 左右的冬天，建議將麵糰放入水波爐或烤箱中，旁邊放一杯溫水即可。

Q 麵包容易烤焦怎麼辦？

A 建議在烘烤約 10 分鐘後，觀察一下上色的狀況，再自行判斷是否需要在上方蓋錫箔紙，以預防表面太過上色、甚至變焦黑的慘劇。如果需要，可中間蓋上錫箔紙後，再繼續烘烤。

Q 麵包那麼大一個，如何判斷麵包有沒有烤熟呢？

A 不同模具以及不同的配方適用的烘烤時間皆不相同，請大家記得參考食譜上建議的烘烤時間做為基礎來調整。除了烘烤時間之外，也要留意麵包的烤色，如果四周圍都很明顯的上色了（不能只有淺淺的），就代表已經烘烤好囉！

Q 手撕麵包烤好後一定要立刻脫模放涼嗎？不能放在烤箱中保溫嗎？

A 麵包烘烤完一定要立刻脫模。否則麵包會因為無法順利散出熱氣而造成凹陷。

Q 手撕麵包沒吃完，要怎麼保存呢？可以保存幾天呢？

A 如果包餡裡面有容易腐壞的食材，像是乳製品卡士達醬等，建議當天吃完最好，若沒有吃完，記得要放入冰箱冷藏。如果是原味，沒有包內餡的，常溫可以存放 1-2 天；也可以裝入塑膠袋內，再入冷凍庫保存，約 2～3 週內吃完。

Q 手撕麵包隔天早上吃，怎麼回烤風味會比較好？

A 可以放入一般家用小烤箱，以 180℃烤溫並蓋上錫箔紙烘烤約 3～4 分鐘。

COLUMN
網友實作大好評

巧克力手撕包／杜伊涵

做過老麵跟沒老麵款,都好好吃喔!吃一顆拔一顆,方便又好玩,而且麵包體軟到不要不要的,搭配內餡巧克力豆真的是太棒了,謝謝辣媽的食譜!

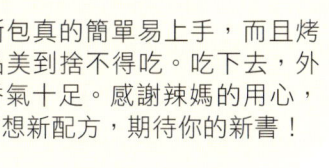

芋泥辮子手撕包／黃貞瑜

麵包機新手,無意間看到辣媽直播,一下子讓我的麵包突然升級成高檔貨。自從開始做麵包後,我家先生常問明早吃什麼,謝謝辣媽的無私分享!

香蒜奶油手撕包／曾妙茹

辣媽的手撕包真的簡單易上手,而且烤出來的成品美到捨不得吃。吃下去,外酥內軟,香氣十足。感謝辣媽的用心,絞盡腦汁的想新配方,期待你的新書!

COLUMN
網友實作大好評

蘋果手撕包／黃禹臻

雖然有點搞剛,但是成品真的又美又好吃喔!蘋果內餡脆脆的,帶點酸V酸V!感謝辣媽的配方及詳細的講解,讓我看著食譜就能做出想要的手撕包。

漢堡寶手撕包／Joy Lin

這是辣媽的#第九個手撕餐包。

將黏在一起的手撕包分開,就變成一個個可愛的小漢堡寶。除了做成經典BLT,我還準備了雞排跟鱈魚條,變化成活力雞排和黃金鱈魚口味。三種口味任君選擇一次滿足,開啟美好的一天。謝謝辣媽的分享!

01
基本麵糰、麵糊與餡料及裝飾

麵糰與麵糊

老麵麵糰

高筋麵粉 100g、水 65g、白砂糖 5g、酵母 1g

1 請於使用前一天製作。
2 將所有材料以麵包機（或攪拌器）打到光滑之後（約 5~7 分鐘），靜置室溫 1 小時做一次發酵，之後放入保鮮盒，冷藏到隔天即可使用 1。

TIP
● 用不完的老麵仍可放回保鮮盒中冷藏保存 2，建議於三天內使用完畢。

巴布羅麵糊

奶油 40g、糖粉 40g、雞蛋 50g（約 1 顆）、低筋麵粉 50g

作法一

1 將所有麵糊材料放入食物調理機裡，攪拌均勻後裝入擠花袋中備用。

作法二

1 奶油打軟，加入糖粉，以打蛋器攪拌到稍微顏色稍微變淺 1。
2 分次加入雞蛋，攪拌均勻後再倒入下一次，直到雞蛋完全拌勻為止。
3 放入過篩的麵粉攪拌均勻，裝入擠花袋中備用 2。

菠蘿麵糰

奶油 40g、糖粉 40g、雞蛋 18g、低筋麵粉 77g、奶粉 6g

> 作法一

1 將所有材料放入食物調理機中，運轉到食材完全混合均勻 。
2 把 1 放入保鮮膜，整為長柱狀，放入冰箱冷藏到定型 ，要用時再分割成 6 等分即可。

> 作法二

1 在調理盆中放入奶油打軟後，加入糖粉，以打蛋器打到均勻。
2 於 1 中加入蛋液，攪拌均勻。
3 再放入奶粉以及過篩後的低筋麵粉，拌成團。
4 整形成長柱狀後，放入冰箱冷藏至定型，要用時，再分割成 6 等分即可。

餡料與裝飾

🥄 香濃滑順的卡士達醬

低筋麵粉 20g、白砂糖 40g、鮮奶 160g、
蛋黃 2 顆、香草豆莢 1/4 根、奶油 20g

1 刮出豆莢中的香草籽，與牛奶一起放到 A 鍋裡加熱 1，煮至鍋邊起泡。
2 蛋黃、砂糖與過篩的低筋麵粉放入 B 鍋中攪拌均勻 2。
3 將加熱過牛奶約一半倒入 2 的 B 鍋中，攪拌均勻 3。
4 之後再倒回 A 鍋內，用小火一邊攪拌、一邊加熱。
5 加熱到稍微黏稠時即熄關火 4，倒入 C 鍋中，放入奶油迅速攪拌均勻。
6 用保鮮膜服貼覆蓋住 5，放涼後，就可以放進冰箱冷藏備用。

🥄 大蒜橄欖油

蒜泥 15g、橄欖油 30g、鹽 2g

1 所有材料混合均勻即可 1。

微鹹的風味焦糖醬

砂糖 50g、動物性鮮奶油 50g、
牛奶 70g、鹽之花 少許

1 在鍋中放入鮮奶油、牛奶、鹽，鍋子加熱到稍微冒泡就關火。
2 另取一小鍋，放入砂糖 ，加熱煮到完全融化成為液態 ，並變成淺咖啡色。
3 待砂糖鍋稍微沸騰時，倒入煮到小滾的鮮奶油 ，並且迅速攪拌均勻。
4 用小火繼續一邊攪拌，煮到稍微有些黏稠即可 。

酸甜可口的蔓越莓果醬

蔓越莓乾 25g、水 40g、白砂糖 20g

1 將蔓越莓乾和水一起放入果汁機中打成蔓越莓汁。
2 把 1 放入鍋中，加入白砂糖，以小火煮到稍微呈濃稠狀 ，放涼之後即可。

奶味十足的蔓越莓乳酪醬

奶油乳酪 80g、細白砂糖 15g、
蔓越莓果醬 15g、蔓越莓乾（或碎）適量

1 將奶油乳酪放置室溫軟化。
2 將所有材料放入調理盆中混合均勻  即可。

天然果肉的蘋果醬

蘋果 150g、砂糖 40g、檸檬汁 6g

1. 蘋果去皮切成小薄片，與砂糖，檸檬汁一起浸泡 **2** 小時 ，中途要翻攪一下，確認砂糖均勻地沾附到果肉。
2. 將 **1** 放入鍋子裡，以中小火煮到蘋果變透明 ，且剩下約原本一半的份量，感覺到變濃稠（約需 30~40 分鐘）即可。
3. 裝入玻璃罐後倒扣 ，等放涼之後，就可以放入冰箱冷藏。

TIP
- 甜度可依照告個人喜好調整。由於不同品種的蘋果甜度不一，煮出來的甜度可能會有些微差距，但整體來說，甜度若太低不利於保存。
- 剩下的蘋果果醬可拿來搭配吐司或是放入熱茶中也很好喝喔！
- 範例中使用的是智利 Ambrosia 水蜜桃蘋果，甜度會比一般蘋果來得高。

綿密而蓬鬆的芋泥餡

蒸熟的芋頭 100g、奶油 8g、砂糖 13g、鮮奶 10g

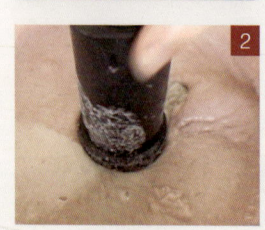

1. 芋頭切片後，放入電鍋（或隔水加熱）蒸熟 。
2. 趁熱將 **1** 與其他材料混合均勻（可用食物處理器或是麵包機的揉麵功能）。
3. 放涼之後入冰箱冷藏，3 天內使用完畢。

— 032 —

鹹中帶甜的奶酥餡

奶油 36g、糖粉 30g、奶粉 45g、雞蛋 10g、帕瑪森起司粉 12g

1. 將所有材料放入調理盆中,用刮刀攪拌均勻即可。

原味現磨的花生醬

原味／炒過的花生 200g、砂糖 50g、鹽 1g(或適量)

1. 將所有材料放入食物調理機 1 ,一直打到油脂被釋放出來,稍微呈現流動狀為止 2 。

TIP
- 打花生醬的過程中會釋出油脂,花生醬呈現微熱狀態是正常的,無需擔心。
- 不同食物處理器需要的攪打時間不太一樣,請大家自行斟酌,但重點是要打到呈稍微流動的狀態。

百搭款燻雞肉洋蔥餡

燻雞肉 150g、洋蔥 1/2 顆、鹽適量、橄欖油 適量、黑胡椒粉 適量

1. 洋蔥切絲(或切丁)後,放入鍋中,倒入橄欖油炒香變軟 1 ,加入適量鹽調味。
2. 將燻雞肉撕成細絲,再與洋蔥、黑胡椒粉一起拌勻即可 2 。

TIP
- 燻雞肉可在超市買到。完成後的餡料如果沒用完,也可以拿來做三明治,享受不一樣的美味吃法。

Q軟好吃的麻糬

糯米粉 70g、水 130g、
白砂糖 15g、植物油 適量（味道清淡）

1 在調理盆中放入糯米粉、水及白砂糖，加入一點點油攪拌均勻 **1**。
2 不沾平底鍋加熱後，倒入 **1**，一邊加熱、一邊攪拌 **2 3**，直到麻糬呈現半透明即可 **4**。
3 用少量的油塗抹在碗上，然後把麻糬放入碗裡 **5**。
4 保鮮膜沾上少許油，服貼在麻糬上，放涼後，即可做為餡料包入麵糰中 **6**。

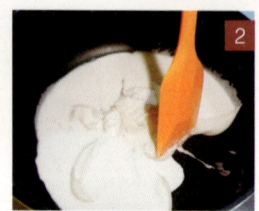

烤玫瑰蘋果花

蘋果 1/2 顆、檸檬汁 適量、滾水 適量、
派皮 1 張（市售）、蘋果果醬 適量

1 蘋果去核留皮，切成薄片，加入適量檸檬汁，放入小鍋中以滾水煮 2~3 分鐘，煮至變軟即可 1 。
2 將派皮擀大、擀平 2 ，塗上適量蘋果果醬 3 ，鋪上蘋果片 4 。
3 將 2 對摺後 5 ，再捲起來 6 ，放到小烤盅中 7 。
4 放入烤箱，以 190℃烘烤 20 分鐘 8 。

TIP
- 冷凍派皮可在烘焙材料行直接購買成品來使用。

COLUMN

風味麵包的關鍵調味

具有提升食物滋味妙用的鹽麴

將麴菌加入米中進行發酵的產物，在日本又被稱為「米花」，是製作鹽麴、味噌及甘酒時不可或缺的原料。可以直接購買現成的，也可以自行製作。放在麵包裡面可以用來取代鹽分，並做出口感不太一樣的成熟風味。

材料
米麴 100g、水 130g、鹽 33g

方法一

將所有材料混合均勻之後，放在已經消毒好的容器中蓋起來，常溫保存 5~8 天不等，中途記得要簡單翻攪一下（夏天的製作時間比較短，冬天所需的時間比較長）。待確認米粒已經稍微呈糊狀之後，即可密封，放入冰箱保存。

方法二

可以使用優格機，溫度設定約 60℃，約 5~7 小時，之後建議再於室溫存放約 3 天的時間。中途記得要翻攪一下，讓米麴保持在液體中，待確認米麴出現稍呈糊狀後，就可以放入冰箱保存，要用時才取出。

TIP
- 製作完成的鹽麴建議在一個月內使用完畢。

COLUMN

風味麵包的關鍵調味

甜甜的、帶著迷人
發酵氣息的甘酒

甘酒是使用白米製作而成的甘甜發酵飲品，來自日本，外觀呈混濁乳白色，日本人通常會在冬天時加熱飲用。麵包中加入甘酒，可讓麵糰更柔軟蓬鬆，並帶有淡淡的甘酒香。除了自製，在日式超市也可以買得到甘酒。

材料
米麴 100g、水 100g、
稀飯 180g（只撈米飯的部分，水分不要）

方法一
將全部材料混合均勻之後，放入優格機裡，設定 60℃ 6～8 小時。中途取出適當翻攪 1～2 次，直到看到米粒與水漸漸結合呈稍微糊化後即完成。之後放入已經消毒好的容器中密封，放入冰箱保存。

方法二
如果沒有優格機，也可以自行嘗試用電鍋的保溫功能來製作看看。

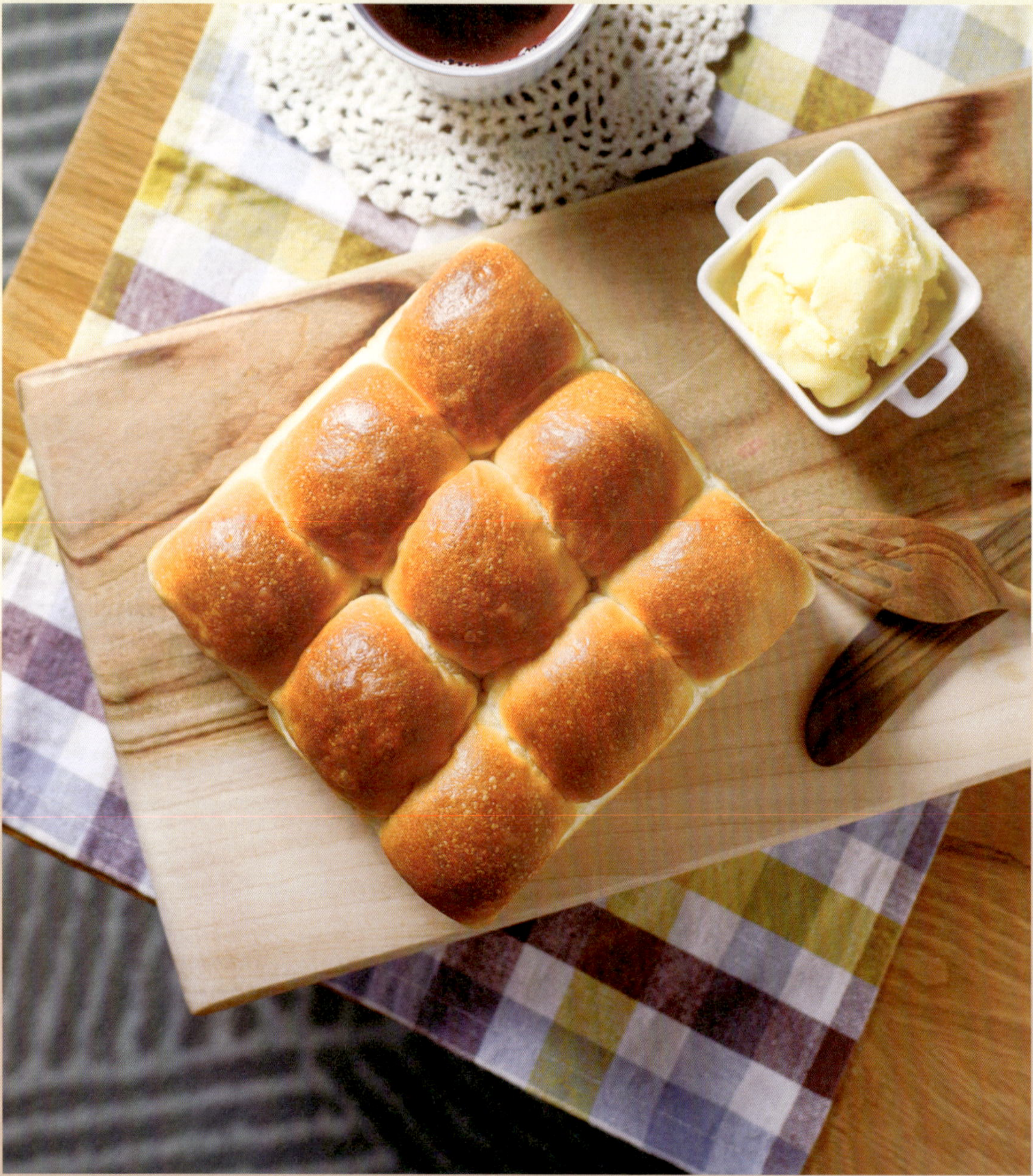

· 02 ·

原味
手撕麵包

方形原味手撕包

方形的手撕包質地柔軟,排列起來的樣子特別可愛!

17cm 的正方形烤模

材料

麵糰

水	65g
鮮奶	66g
高筋麵粉	200g
白砂糖	20g
鹽	2.5g
奶油	20g
酵母粉	2g

裝飾

鮮奶	適量

作法

1. 放入所有麵糰材料，麵包機啟動【快速麵糰】功能，包含揉麵 + 一次發酵，總共約 1 小時 20 分鐘不等。

   ◆ 如果是使用攪拌器，方式為投入除了奶油以外的所有麵糰材料，設定慢速 3 分鐘，轉中速 2 分鐘，之後放入奶油，再設定慢速 2 分鐘、中速 4~6 分鐘（每一台機器不同，重點是要打出薄膜），之後進行一次發酵 60 分鐘。

   ◆ 此處請自行選擇家中麵包機相對應行程，行程總長約 1~1.5 小時左右。

2. 取出麵糰，分割成 9 等分，排氣滾圓，直接放入鋪好烘焙紙的烤模中。放置於 35℃左右處（夏天室溫或烤箱等密閉空間或容器中），發酵 50 分鐘 [1]。

3. 烤箱預熱 190℃，在麵包表面塗上鮮奶，預熱完成，放入烤箱烘烤 16~18 分鐘。

4. 放涼之後，可以從中間剖開，任意夾入自己喜歡的餡料 [2]。

TIP

方型烤盤最適合用來做將麵糰分割成 9 等分的餐包樣式，大小也恰恰適合孩子的胃口，九宮格的排列組合外觀，看起來也十分有趣。

中空原味手撕包

除了常見的 6 顆組合，8 顆也是可以嘗試看看的排列方法，成品就像是個可愛的大甜甜圈或是個小太陽。

> 直徑約 21cm 的
> 天使烤模

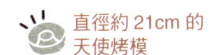

材料

麵糰
水 65g
鮮奶 66g
高筋麵粉 200g
白砂糖 20g
鹽 2g
奶油 20g
酵母粉 2g

裝飾
鮮奶 .... 適量

作法

1. 放入所有麵糰材料，麵包機啟動【快速麵糰】功能，包含揉麵 + 一次發酵，總共約 1 小時 20 分鐘不等。

    ◆ 如果是使用攪拌器，方式為投入除了奶油以外的所有麵糰材料，設定慢速 3 分鐘，轉中速 2 分鐘，之後放入奶油，再設定慢速 2 分鐘、中速 4~6 分鐘（每一台機器不同，重點是要打出薄膜），之後進行一次發酵 60 分鐘。

    ◆ 此處請自行選擇家中麵包機相對應行程，行程總長約 1~1.5 小時左右。

2. 取出麵糰，分割成 8 等分，排氣滾圓，直接放入鋪好烘焙紙的烤模中。

3. 放置於 35℃左右處（夏天室溫或烤箱等密閉空間或容器中），發酵 50 分鐘 **1**。

4. 烤箱預熱 190 度℃，在麵糰表面塗上鮮奶，預熱完成，放入烤箱烘烤 16~18 分鐘。

TIP

- 雖然本配方採用的是同 P041 一樣的原味麵糰，但因為使用了不一樣的烤模，烘烤出來的口感就會不一樣喔！
- 一般來說，中空烤模我偏好分成 6 等分，但偶爾也會試試如這款的 8 等分，除了適合年齡較小的孩子外，形狀也會很像超人氣的甜甜圈，孩子們吃起來會更開心喔！

奶油巴布羅手撕包

金黃色的墨西哥麵包外皮,香甜酥軟,讓手撕包吃起來更具層次。

> 直徑約 21cm 的
> 天使烤模

材料

麵糰

水	65g
鮮奶	66g
高筋麵粉	200g
白砂糖	20g
鹽	2g
奶油	25g
酵母粉	2g

巴布羅麵糊（詳見 P028）……1 份

作法

1. 放入所有麵糰材料，麵包機啟動【快速麵糰】功能，包含揉麵 + 一次發酵，總共約 1 小時 20 分鐘不等。

    ◆ 如果是使用攪拌器，方式為投入除了奶油以外的所有麵糰材料，設定慢速 3 分鐘，轉中速 2 分鐘，之後放入奶油，再設定慢速 2 分鐘、中速 4~6 分鐘（每一台機器不同，重點是要打出薄膜），之後進行一次發酵 60 分鐘。

    ◆ 此處請自行選擇家中麵包機相對應行程，行程總長約 1~1.5 小時左右。

撕開麵包

2 取出麵糰，分割成 6 等分，排氣滾圓，放入鋪好烘焙紙的烤模中。

3 放置於 35℃左右處（夏天室溫或烤箱等密閉空間或容器中），發酵 50 分鐘 1。

4 烤箱預熱 190℃，擠花袋剪一個洞，擠適量巴布羅麵糊在麵糰上 2。預熱完成後，放入烤箱烘烤 18~20 分鐘即完。

| TIP |

若有剩餘的巴布羅麵糊，可擠薄薄一層在烘焙紙上，以 170℃烤 10 分鐘即可變身成餅乾，一點兒也不浪費。

大理石巴布羅手撕包

加入巧克力花紋，讓麵包的外觀質感提升了不少。

直徑約 21cm 的天使烤模
大小擠花袋各 1

材料

麵糰

水	65g
鮮奶	66g
高筋麵粉	200g
白砂糖	20g
鹽	2g
奶油	25g
酵母粉	2g

大理石麵糊

奶油	40g
糖粉	45g
雞蛋	50g（約 1 顆）
低筋麵粉	55g
可可粉	2g

作法

1. 放入所有麵糰材料，麵包機啟動【快速麵糰】功能，包含揉麵 + 一次發酵，總共約 1 小時 20 分鐘不等。

    ◆ 如果是使用攪拌器，方式為投入除了奶油以外的所有麵糰材料，設定慢速 3 分鐘，轉中速 2 分鐘，之後放入奶油，再設定慢速 2 分鐘、中速 4~6 分鐘（每一台機器不同，重點是要打出薄膜），之後進行一次發酵 60 分鐘。

    ◆ 此處請自行選擇家中麵包機相對應行程，行程總長約 1~1.5 小時左右。

2. 取出麵糰分割成 6 等分，排氣滾圓，放入鋪好烘焙紙的烤模 **1**。放置於 35℃左右處（夏天室溫或烤箱等密閉空間或容器中），發酵 50 分鐘。

3. 趁發酵時製作大理石麵糊。取一乾淨攪拌盆，用打蛋器打發奶油，之後放入糖粉 **2** 再度打發，分次放入打散的雞蛋 **3**，每次都要攪拌均勻。

撕開麵包

4 放入過篩的麵粉，換上攪拌槳，攪拌均勻 4 。

5 取少部分麵糊放入另一個小碗，倒入過篩的可可粉 5 ，攪拌均勻。將可可麵糊裝入小擠花袋，將小擠花袋放入大擠花袋中，在大擠花袋再裝入原味麵糊 6 。大小擠花袋一起剪洞之後，就可以擠在發酵好的麵糰上 7 8 。

6 烤箱預熱 190℃，預熱完成後，放入烤箱烘烤 18~20 分鐘。

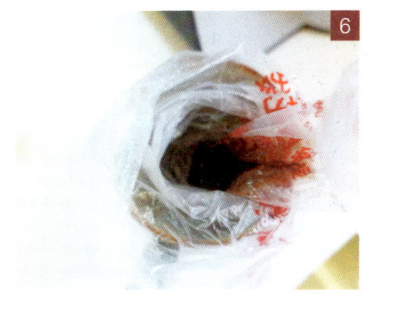

| TIP |
這款麵包特別適合搭配深色的背景拍照，感覺更有氣勢。

玫瑰花環手撕包

宛如玫瑰花環般的精緻造型,做起來卻十分簡單,漂亮又好吃。

> 直徑約 21cm 的
> 天使烤模

材料

麵糰
水	65g
鮮奶	66g
高筋麵粉	200g
白砂糖	25g
鹽	2.5g
奶油	25g
酵母粉	2g

裝飾
高筋麵粉	適量

作法

1. 放入所有麵糰材料，麵包機啟動【快速麵糰】功能，包含揉麵 + 一次發酵，總共約 1 小時 20 分鐘不等。

   ◆ 如果是使用攪拌器，方式為投入除了奶油以外的所有麵糰材料，設定慢速 3 分鐘，轉中速 2 分鐘，之後放入奶油，再設定慢速 2 分鐘、中速 4~6 分鐘（每一台機器不同，重點是要打出薄膜），之後進行一次發酵 60 分鐘。

   ◆ 此處請自行選擇家中麵包機相對應行程，行程總長約 1~1.5 小時左右。

2. 取出麵糰，分割成 9 等分，排氣滾圓，靜置 10 分鐘。

3. 取出其中 3 個麵糰，擀平成約 10cm 直徑大小，在約 1/2 處交疊後 **1**，再一起捲起來。

4. 將麵糰對切 **2**，放入鋪好烘焙紙的烤模裡 **3**，放置於 35℃左右處（夏天室溫或烤箱等密閉空間或容器中），發酵 50 分鐘。

5. 烤箱預熱 190℃，在麵糰上噴點水，撒上適量高筋麵粉。預熱完成後，放入烤箱烘烤 16~18 分鐘。

田園花冠手撕包

兼具豐富的色澤及迷人香氣的手撕包，讓人聯想到春天的花園，繽紛而多彩。

> 直徑約 21cm 的 天使烤模

材料

麵糰

高筋麵粉 200g
水 130g
白砂糖 15g
鹽 2g
酵母 2g
橄欖油 15g

裝飾

黑芝麻 .... 適量
白芝麻 .... 適量
葵花籽碎 .... 適量
披薩用乳酪絲 .... 適量

作法

1. 放入所有麵糰材料，麵包機啟動【快速麵糰】功能，包含揉麵 + 一次發酵，總共約 1 小時 20 分鐘不等。

    ◆ 如果是使用攪拌器，投入所有麵糰材料，設定慢速 3 分鐘，轉中速 4~6 分鐘（每一台機器不同，重點是要打出薄膜），之後進行一次發酵 60 分鐘。
    ◆ 此處請自行選擇家中麵包機相對應行程，行程總長約 1~1.5 小時左右。

2. 取出麵糰，任意分割成數份等分，不用量秤，任意分割就好 1 2，排氣滾圓 3。

撕開麵包

3 取其中一個於表面沾點水，再沾上適量白芝麻 4，其餘麵糰分別沾上不同裝飾後，一一排入鋪好烘焙紙的烤模內 5。

4 置於 35℃左右處（夏天室溫或烤箱等密閉空間或容器中），發酵約 40 分鐘 6，部分麵糰上方鋪上乳酪絲 7。

5 烤箱預熱 200℃，預熱完成後，放入烤箱烘烤約 16~18 分鐘。

珍珠皇冠重奶油手撕包

珍珠糖讓麵包表皮多了酥脆的顆粒感，增添了入口時的驚喜感。
此外，也很適合搭配生菜及培根一起享用。

> 直徑約 21cm 的天使烤模

材料

麵糰

老麵（詳見 P028）	40g
水	45g
雞蛋	80g
高筋麵粉	200g
白砂糖	20g
鹽	3g
奶油	50g
酵母粉	2g

裝飾

珍珠糖	適量

作法

1. 放入所有麵糰材料，麵包機啟動【快速麵糰】功能，包含揉麵 + 一次發酵，總共約 1 小時 20 分鐘不等。

   ◆ 如果是使用攪拌器，方式為投入除了奶油以外的所有麵糰材料，設定慢速 3 分鐘，轉中速 2 分鐘，之後放入奶油（奶油要先切小塊再投入），再設定慢速 2 分鐘、中速 4~6 分鐘（每一台機器不同，重點是要打出薄膜），之後進行一次發酵 60 分鐘。

   ◆ 此處請自行選擇家中麵包機相對應行程，行程總長約 1~1.5 小時左右。

2. 取出麵糰，分割成 6 等分，排氣滾圓，放入鋪好烘焙紙的烤模中 **1**。

3. 放置於 35℃左右處（夏天室溫或烤箱等密閉空間或容器中），發酵 50 分鐘。

4. 烤箱預熱 190℃，在每個麵糰上方剪出十字型開口，然後撒上適量的珍珠糖 **2**。

5. 預熱完成，放入烤箱烘烤 16~18 分鐘。

台式菠蘿手撕包

因為孩子特別偏好菠蘿麵包，在製作手撕包時也沒忘了要加進這一道食譜，看著滿滿的菠蘿酥皮，心情不自覺地就好了起來。

> 直徑約 21cm 的天使烤模

材料

麵糰

高筋麵粉	200g
雞蛋	30g
水	95g
白砂糖	20g
酵母	2g
鹽	2g
奶油	20g

裝飾

菠蘿皮（詳見 P029）	1 份
全蛋蛋液	適量

作法

1. 放入所有麵糰材料，麵包機啟動【快速麵糰】功能，包含揉麵 + 一次發酵，總共約 1 小時 20 分鐘不等。

   ◆ 如果是使用攪拌器，方式為投入除了奶油以外的所有麵糰材料，設定慢速 3 分鐘，轉中速 2 分鐘，之後放入奶油，再設定慢速 2 分鐘、中速 4~6 分鐘（每一台機器不同，重點是要打出薄膜），之後進行一次發酵 60 分鐘。

   ◆ 此處請自行選擇家中麵包機相對應行程，行程總長約 1~1.5 小時左右。

2. 分割成 6 等分，排氣滾圓 **1**，放置 10 分鐘後，再度排氣滾圓。

3. 取一份菠蘿皮，隔著保鮮膜擀平 **2**。

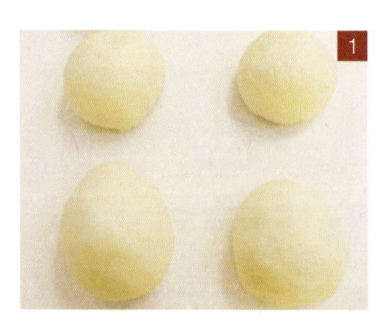

4 在每個麵糰表面蓋上菠蘿皮 3 ，逐一包好 4 。

5 將麵糰放入鋪好烘焙紙的烤模中 5 ，進行二次發酵約 50~60 分鐘，塗上蛋液 6 。

6 烤箱預熱 200℃，預熱完成，放入烤箱烘烤 18~20 分鐘。

漢堡寶手撕包

適合製作迷你漢堡的最佳尺寸，無論是夾入果醬或是包入鹹味的內餡，都是想要來點輕食時的好選擇。

材料

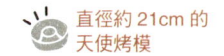

麵糰

水	50g
鮮奶	66g
雞蛋	15g
高筋麵粉	200g
白砂糖	20g
鹽	2.5g
奶油	20g
酵母粉	2g

裝飾

全蛋蛋液	適量
白芝麻	適量

直徑約 21cm 的天使烤模

作法

1. 放入所有麵糰材料，麵包機啟動【快速麵糰】功能，包含揉麵 + 一次發酵，總共約 1 小時 20 分鐘不等。

   ◆ 如果是使用攪拌器，方式為投入除了奶油以外的所有麵糰材料，設定慢速 3 分鐘，轉中速 2 分鐘，之後放入奶油，再設定慢速 2 分鐘、中速 4~6 分鐘（每一台機器不同，重點是要打出薄膜），之後進行一次發酵 60 分鐘。

   ◆ 此處請自行選擇家中麵包機相對應行程，行程總長約 1~1.5 小時左右。

2. 取出麵糰，分割成 6 等分，排氣滾圓，放置 10 分鐘。

3. 將麵糰放入鋪好烘焙紙的烤模中，放置於 35℃ 左右處（夏天室溫或烤箱等密閉空間或容器中），發酵 50 分鐘。

4. 烤箱預熱 190℃，於麵包表面塗上蛋液，撒上適量白芝麻 **1**。預熱完成，放入烤箱烘烤 16~18 分鐘。

5. 取出放涼後，搭配喜好的漢堡材料與配菜，便成為美味的漢堡喔 **2**！

黑糖杏仁葡萄乾手撕包

黑糖是台式麵包專有的特殊風味，搭配略帶酸味的葡萄乾，加上酥脆的杏仁角，味道棒極了。

直徑約 21cm 的
天使烤模

材料

麵糰
水	120g
高筋麵粉	200g
黑糖	30g
鹽	2g
奶油	20g
酵母粉	2g

投料
葡萄乾	40g

裝飾
杏仁角	適量

作法

1. 放入所有麵糰材料，麵包機啟動【快速麵糰】功能並設定投料，包含揉麵 + 一次發酵，總共約 1 小時 20 分鐘不等。

   ◆ 如果是使用攪拌器，方式為投入除了奶油以外的所有麵糰材料，設定慢速 3 分鐘，轉中速 2 分鐘，之後放入奶油，再設定慢速 2 分鐘、中速 4~6 分鐘（每一台機器不同，重點是要打出薄膜）；投入葡萄乾後，轉慢速 1~2 分鐘，之後進行一次發酵 60 分鐘。

   ◆ 此處請自行選擇家中麵包機相對應行程，行程總長約 1~1.5 小時左右。

2. 取出麵糰，分割成 6 等分，排氣滾圓 **1**，表面噴上適量的水，沾取適量的杏仁角 **2**，放入鋪好烘焙紙的烤模中 **3**。

撕開麵包

3　放置於 35℃左右處（夏天室溫或烤箱等密閉空間或容器中），發酵 50 分鐘 4 。

4　烤箱預熱 190℃，用剪刀在每個麵糰上剪兩刀 5 6 ，預熱完成，放入烤箱烘烤 16~18 分鐘。

歐式無油黑糖葡萄乾手撕包

這是一款使用老麵製作的歐式麵包,因為沒有加入奶油,更能感受麵粉的香氣。

🍩 直徑約 21cm 的天使烤模

材料

麵糰
老麵（詳見 P028）..................40g
法國麵粉..............................200g
水..130g
黑糖......................................20g
酵母..2g
鹽..3g

投料
葡萄乾..................................40g

裝飾
高筋麵粉..............................適量

作法

1. 放入所有麵糰材料，麵包機啟動【揉麵】功能 20 分鐘，之後投入葡萄乾，再度啟動【揉麵】2 分鐘，待料分佈均勻即可。

    ◆ 如果是使用攪拌器，方式為投入所有麵糰材料，設定慢速 3 分鐘，轉中速 2 分鐘，中速 4~6 分鐘（每一台機器不同，重點是要打出薄膜），之後放入葡萄乾，轉慢速 2 分鐘。
    ◆ 此處請自行選擇家中麵包機相對應行程，行程總長約 15~20 分鐘左右。

2. 放置於室溫 30℃ 處發酵 30 分鐘之後，取出麵糰，將麵糰攤開 1，先折三折 2 3，再折三折 4 5，再度發酵 30 分鐘。

3. 將麵糰分割成 6 等分，輕輕排氣之後，將麵糰稍微拍平，對折 6，再對折 7 之後簡單滾圓 8。

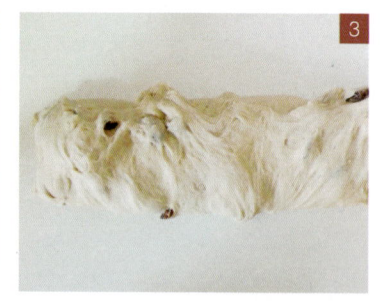

4 放入鋪好烘焙紙的烤模 9，放置於 35℃左右處（夏天室溫或烤箱等密閉空間或容器中），發酵 50 分鐘 10。

5 烤箱預熱 220℃，於麵糰表面噴點水，撒上高筋麵粉，並在每個麵糰中間剪開一條線 11。

6 預熱完成後，放入烤箱烘烤 18~20 分鐘。

焦糖核桃手撕包

焦糖是一款會讓女生和小孩尖叫的幸福抹醬。做過的網友們都非常驚艷，表示一點也不甜膩。

直徑約 21cm 的天使烤模
小擠花袋

材料

麵糰

水	70g
鮮奶	66g
高筋麵粉	200g
白砂糖	20g
鹽	2.5g
奶油	20g
酵母粉	2g

裝飾及餡料

焦糖醬（詳見 P031）	1 份
核桃碎粒（建議先烘烤過）	適量
糖粉	適量

作法

1. 放入所有麵糰材料，麵包機啟動【快速麵糰】功能，包含揉麵 + 一次發酵，總共約 1 小時 20 分鐘不等。

   ◆ 如果是使用攪拌器，方式為投入除了奶油以外的所有麵糰材料，設定慢速 3 分鐘，轉中速 2 分鐘，之後放入奶油，再設定慢速 2 分鐘、中速 4~6 分鐘（每一台機器不同，重點是要打出薄膜），之後進行一次發酵 60 分鐘。

   ◆ 此處請自行選擇家中麵包機相對應行程，行程總長約 1~1.5 小時左右。

2. 取出麵糰，排氣滾圓，靜置 10 分鐘。

3. 將麵糰擀成長度約 30x35cm 左右的長度，抹上焦糖醬 **1**，撒上核桃碎粒 **2**。

撕開麵包

4 切成 24 等分 3，每 4 個疊一起 4，橫放排入鋪好烘焙紙的烤模中 5。

5 放置於 35℃左右處（夏天室溫或烤箱等密閉空間或容器中），發酵 50 分鐘 6。

6 烤箱預熱 190℃，預熱完成後，放入烤箱烘烤 16~18 分鐘。

7 麵包放涼之後，撒上適量糖粉，淋上焦糖醬，再放核桃碎粒，最後再撒上一次糖粉，即完成。

| TIP |
焦糖醬可事先裝入擠花袋中，擠出來的焦糖會更美觀喔！

中種法鹽可頌手撕包

紅遍大街小巷的鹽可頌也能做成手撕包喔！相信用這款麵包做為伴手禮，收到的人一定都會開心不已。

🥖 直徑約 21cm 的天使烤模

材料

中種麵糰
- 高筋麵粉 100g
- 鮮奶 66g
- 酵母 1g
- 奶油 5g

主麵糰
- 中種麵糰 .... 全部
- 水 60g
- 高筋麵粉 100g
- 白砂糖 10g
- 鹽 2g
- 奶油 20g
- 酵母 1.5g

餡料
- 奶油 40g
- 鹽 0.8g

裝飾
- 鹽片 .... 少許

作法

1. 將中種麵糰所有材料放入麵包機，啟動【快速麵糰】模式。一次發酵完成之後，整成圓形，裝入保鮮盒中 **1**，放置冰箱冷藏 2~8 小時（太久，怕麵糰會偏酸變成老麵）。

    ◆ 如果是使用攪拌器，方式為投入除了奶油以外的所有麵糰材料，設定慢速 3 分鐘，轉中速 2 分鐘，之後放入奶油，再設定慢速 2 分鐘、中速 2~3 分鐘，之後進行一次發酵 60 分鐘，同 **1** 冷藏保存。

    ◆ 此處請自行選擇家中麵包機相對應行程，行程總長約 1~1.5 小時左右，同 **1** 冷藏保存。

2. 將鹹奶油的奶油與鹽裝入塑膠袋中，搓揉均勻之後，塑形 **2**，放入冷凍庫備用。待要包餡的時候，再取出奶油切成 6 等分 **3**。

3. 將主麵糰的材料放入麵包機，將發酵好的中種麵糰，剪成小塊一起放入麵包機 4 ，麵包機啟動【快速麵糰】功能，包含揉麵＋一次發酵，總共約 1 小時 20 分鐘不等。

   ◆ 此處請自行選擇家中麵包機相對應行程，行程總長約 1~1.5 小時左右。

4. 取出麵糰，分割成 6 等分 5 ，排氣滾圓，靜置 10 分鐘。將麵糰拍平，捲起，搓成水滴狀 6 ，後擀成 30~35cm 左右的長條狀 7 ，放入一片內餡鹹奶油後捲起來 8 9 。

5. 將麵糰依序放入鋪好烘焙紙的烤模中 10 ，放置於 35℃ 左右處（夏天室溫或烤箱等密閉空間或容器中），發酵 50 分鐘 11 ，噴點水，放上少許鹽片。烤箱預熱 210℃，預熱完成後，放入烤箱烘烤 18~20 分鐘。

大胃王手撕包

因為份量扎實,所以特別取了這個有趣的名字。
想要一次做出大份量手撕包的人,不妨嘗試看看喔!

直徑約 21cm 的
天使烤模

材料

麵糰
鮮奶..110g
水..130g
高筋麵粉..360g
白砂糖..30g
鹽..4g
奶油..30g
酵母粉..3.6g

裝飾
鮮奶..適量

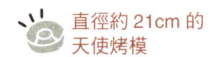

作法

1. 放入所有麵糰材料，麵包機啟動【快速麵糰】功能，包含揉麵 + 一次發酵，總共約 1 小時 20 分鐘不等。

   ◆ 如果是使用攪拌器，方式為投入除了奶油以外的所有麵糰材料，設定慢速 3 分鐘，轉中速 2 分鐘，之後放入奶油，再設定慢速 2 分鐘、中速 4~6 分鐘，之後進行一次發酵 60 分鐘。
   ◆ 此處請自行選擇家中麵包機相對應行程，行程總長約 1~1.5 小時左右。

2. 取出麵糰，將麵糰分割成 6 個 60g，6 個 50g，一一排氣滾圓。

3. 將 60g 的麵糰平均放在鋪好烘焙紙的烤盤底部，50g 的麵糰放在麵糰與麵糰中間 1。

4. 放置於 35℃左右處（或烤箱等密閉空間或容器中），發酵 50 分鐘 2。

5. 烤箱預熱 190℃，在麵糰表面上，塗上適量的鮮奶，預熱完成，放入烤箱烘烤 22~24 分鐘。

TIP

這款手撕包給人的感覺非常大器豪爽，很適合家庭人口多的朋友一起享用。建議放在大木製托盤上，同時提供多種不同的抹醬與餡料，保證讓每個人心滿意足。

圓形蔓越莓手撕包

麵包中只要放了蔓越莓乾，滋味就會變得豐富起來，酸酸甜甜的，讓人一口接一口，欲罷不能。

6 吋活動式蛋糕烤模

材料

麵糰
水 65g
鮮奶 66g
高筋麵粉 200g
白砂糖 20g
鹽 2.5g
奶油 20g
酵母粉 2g

投料
蔓越莓乾 40g

作法

1. 放入所有麵糰材料，麵包機啟動【快速麵糰】功能並設定投料，包含揉麵 + 一次發酵，總共約 1 小時 20 分鐘不等。

   ◆ 如果是使用攪拌器，方式為投入除了奶油以外的所有麵糰材料，設定慢速 3 分鐘，轉中速 2 分鐘，之後放入奶油，再設定慢速 2 分鐘、中速 4~6 分鐘（每一台機器不同，重點是要打出薄膜），最後放入蔓越莓，用慢速打到蔓越莓均勻分布即可！之後再進行一次發酵 60 分鐘。

   ◆ 此處請自行選擇家中麵包機相對應行程，行程總長約 1~1.5 小時左右。

2. 取出麵糰，分割成 6 等分，排氣滾圓 **1**，將麵糰放入鋪好烘焙紙的烤模中，擺放方式是中間放 1 個，另外 5 個放外圈。

3. 放置於 35℃ 左右處（夏天室溫或烤箱等密閉空間或容器中），發酵 50 分鐘。

4. 烤箱預熱 190℃，預熱完成後，放入烤箱烘烤 18~19 分鐘。

Q 軟鹽麴手撕包

因為加入了鹽麴，這款手撕包的質地特別 Q 軟，並帶點大人的成熟風味。

> 直徑約 21cm 的
> 天使烤模

材料

麵糰
冰水	120g
高筋麵粉	200g
白砂糖	20g
鹽麴（詳見 P036）	10g
奶油	15g
酵母	2g

裝飾
高筋麵粉	適量

作法

1. 放入所有麵糰材料，麵包機啟動【快速麵糰】功能，包含揉麵 + 一次發酵，總共約 1 小時 20 分鐘不等。

    ◆ 如果是使用攪拌器，方式為投入除了奶油以外的所有麵糰材料，設定慢速 3 分鐘，轉中速 2 分鐘，之後放入奶油，再設定慢速 2 分鐘、中速 4~6 分鐘，之後進行一次發酵 60 分鐘。
    ◆ 此處請自行選擇家中麵包機相對應行程，行程總長約 1~1.5 小時左右。

2. 取出麵糰，分割成 6 等分，排氣滾圓，直接放入鋪好烘焙紙的烤模 **1**。
3. 放置於 35℃左右處（夏天室溫或烤箱等密閉空間或容器中），發酵 50 分鐘。
4. 烤箱預熱 170~180℃，麵糰上噴點水，撒上高筋麵粉。
5. 放入烤箱烘烤約 10 分鐘的時候，蓋上錫箔紙以減緩上色程度，總共烘烤時間為 18~20 分鐘。

TIP

- 加了鹽麴的麵糰，不需要額外加鹽，吃起來有具淡雅的麵香，也比一般麵包 Q 軟。
- 在此特別使用較低的溫度烘烤，烤色較淺，吃起來特別柔軟，可以搭配任何甜鹹食，都很美味。

甘酒手撕包

甘酒有點類似中國的甜酒釀，拿來製作手撕包，
微甜中有著淡淡的酒香氣。

> 直徑約 21cm 的天使烤模

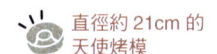

材料

麵糰
- 冰水 100g
- 甘酒（詳見 P037）........ 50g
- 高筋麵粉 200g
- 白砂糖 16g
- 鹽 2g
- 奶油 15g
- 酵母 2g

裝飾
- 高筋麵粉 .... 適量

作法

1. 放入所有麵糰材料，麵包機啟動【快速麵糰】功能，包含揉麵 + 一次發酵，總共約 1 小時 20 分鐘不等。

   ◆ 如果是使用攪拌器，方式為投入除了奶油以外的所有麵糰材料，設定慢速 3 分鐘，轉中速 2 分鐘，之後放入奶油，再設定慢速 2 分鐘、中速 4~6 分鐘，之後進行一次發酵 60 分鐘。
   ◆ 此處請自行選擇家中麵包機相對應行程，行程總長約 1~1.5 小時左右。

2. 取出麵糰，分割成 6 等分，排氣滾圓，直接放入鋪好烘焙紙的烤模中。

3. 放置於 35℃左右處（夏天室溫或烤箱等密閉空間或容器中），發酵 50 分鐘。

4. 烤箱預熱 170~180℃，麵糰上噴點水，用叉子或是湯匙放在麵糰上，撒上高筋麵粉，可以產生不同的圖案 **1**。

5. 預熱完成，放入烤箱烘烤約 18~20 分鐘。

| TIP |

- 加了甘酒的麵糰，會產生淡淡回甘的酒香氣，也比一般麵包的質地更加柔軟。
- 投料時，我會撈起一半的米與一半的甘酒，而不是全都使用液體或米喔！

可愛熊熊手撕包

這是一款手殘者都可以簡單做出的造型手撕包。
可愛的熊熊一定能幫你擄獲大小朋友的心。

直徑約 21cm 的天使烤模
小擠花袋

材料

麵糰
水	65g
鮮奶	66g
高筋麵粉	200g
白砂糖	20g
鹽	2.5g
奶油	25g
酵母粉	2g

裝飾
巧克力	適量
白巧克力	適量
鮮奶	少許

作法

1. 放入所有麵糰材料，麵包機啟動【快速麵糰】功能，包含揉麵 + 一次發酵，總共約 1 小時 20 分鐘不等。

    ◆ 如果是使用攪拌器，方式為投入除了奶油以外的所有麵糰材料，設定慢速 3 分鐘，轉中速 2 分鐘，之後放入奶油，再設定慢速 2 分鐘、中速 4~6 分鐘（每一台機器不同，重點是要打出薄膜），之後進行一次發酵 60 分鐘。

    ◆ 此處請自行選擇家中麵包機相對應行程，行程總長約 1~1.5 小時左右。

2. 取出麵糰，先切割出一份約 12g~18g 不等（看偏好做出的熊耳朵大小），之後分成 12 等分，搓圓 **1**，噴點油在保鮮膜上，蓋上麵糰，放入冰箱冷藏。

3. 再將剩餘的麵糰分割成 6 等分，排氣滾圓，直接放入鋪好烘焙紙的模具中。

4. 放置於 35℃ 左右處（夏天室溫或烤箱等密閉空間或容器中），發酵 50 分鐘 **2**。

| TIP |

熊耳朵的位置不要放太靠近中空凸起的部分，若放太靠近，烘烤之後，耳朵會被淹沒在大麵糰裡。

5 烤箱預熱 190℃，在麵糰上塗上適量的鮮奶 3，從冰箱取出熊的耳朵，放在麵糰上 4，再於耳朵上塗上少量鮮奶。

6 預熱完成，放入烤箱烘烤 17～19 分鐘 5。

7 取出麵包放涼後，將白巧克力與巧克力分別裝入兩個小擠花袋中，隔水加熱。

8 在擠花袋上分別剪出適當的開口，在烘焙紙上以白巧克力畫出鼻子白白的部分 6，放入冰箱等待凝固。

9 然後將適量的黑巧克力點在麵包上，將白色鼻子附著上去，之後再畫上眼睛和鼻子即完成 7。

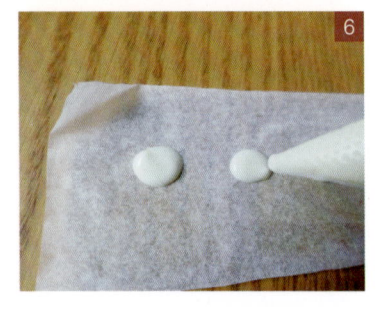

隨性煉乳手撕包

做手撕包的好處是即使整形再隨性，
都能依靠模具做出漂亮的成品。

6吋活動式蛇糕烤模

材料

麵糰

水	45g
鮮奶	88g
高筋麵粉	200g
白砂糖	20g
鹽	2g
奶油	20g
酵母粉	2g

裝飾

市售煉乳	適量
杏仁片	適量
糖粉	適量

作法

1. 放入所有麵糰材料，麵包機啟動【快速麵糰】功能，包含揉麵 + 一次發酵，總共約 1 小時 20 分鐘不等。

   ◆ 如果是使用攪拌器，方式為投入除了奶油以外的所有麵糰材料，設定慢速 3 分鐘，轉中速 2 分鐘，之後放入奶油，再設定慢速 2 分鐘、中速 4~6 分鐘（每一台機器不同，重點是要打出薄膜），之後進行一次發酵 60 分鐘。

   ◆ 此處請自行選擇家中麵包機相對應行程，行程總長約 1~1.5 小時左右。

2. 取出麵糰，排氣滾圓並休息 10 分鐘 1 。

3. 擀成 25x30cm 的長方形，切割成數等分 2 3 4 。

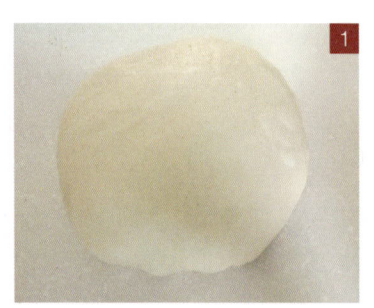

撕開麵包

4 於鋪好烘焙紙的烤模底部先任意放一層麵糰，第二層麵糰則可以沾適量煉乳後 5 ，再放到烤模裡面 6 。

5 放置於 35℃左右處（夏天室溫或烤箱等密閉空間或容器中），發酵 50 分鐘 7 。

6 烤箱預熱 190℃，在麵糰上方噴一點水，放上適量杏仁片 8 ，預熱完成後，放入烤箱烘烤 18~20 分鐘。

7 放涼後，可撒上適量糖粉做為裝飾。

| TIP |
這款麵包吃起來特別細軟，帶有淡淡的煉乳香氣，很適合給孩子吃，一小口、一小塊慢慢撕、慢慢品嚐喔！

香濃南瓜手撕包

南瓜除了對健康有益外，也很適合應用在烘焙中，是兼具香氣和上色功能的好食材，就連討厭南瓜的孩子都會喜歡。

> 17cm 的正方形烤模

材料

麵糰
蒸熟的南瓜.................................165g
鮮奶..25g
高筋麵粉.....................................200g
白砂糖..10g
鹽..2g
奶油..10g
酵母粉..2g

裝飾
高筋麵粉......................................適量

作法

1. 南瓜去籽，帶皮蒸熟後，放涼備用 **1**。

2. 放入所有麵糰材料，麵包機啟動【快速麵糰】功能，包含揉麵 + 一次發酵，總共約 1 小時 20 分鐘不等。

    ◆ 如果是使用攪拌器，方式為投入除了奶油以外的所有麵糰材料，設定慢速 3 分鐘，轉中速 2 分鐘，之後放入奶油，再設定慢速 2 分鐘、中速 4~6 分鐘，之後進行一次發酵 60 分鐘！
    ◆ 此處請自行選擇家中麵包機相對應行程，行程總長約 1~1.5 小時左右。

撕開麵包

3 取出麵糰 2，分割成 9 等分 3，排氣滾圓，放入鋪好烘焙紙的烤模中 4。

4 放置於 35℃左右處（夏天室溫或烤箱等密閉空間或容器中），發酵 50 分鐘 5。

5 烤箱預熱 180～190℃，在麵糰上方噴點水，撒上適量高筋麵粉，預熱完成，放入烤箱烘烤 16～17 分鐘。

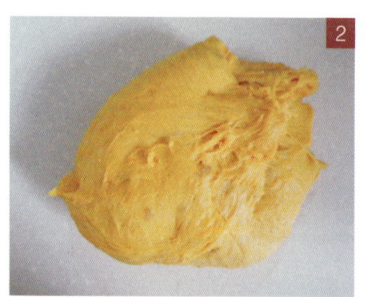

| TIP |
- 也可以保留南瓜皮來製作麵包，風味淳樸外也更高纖喔！
- 各種南瓜所產生的水分會不太一樣，這裡使用的是台灣品種的南瓜。

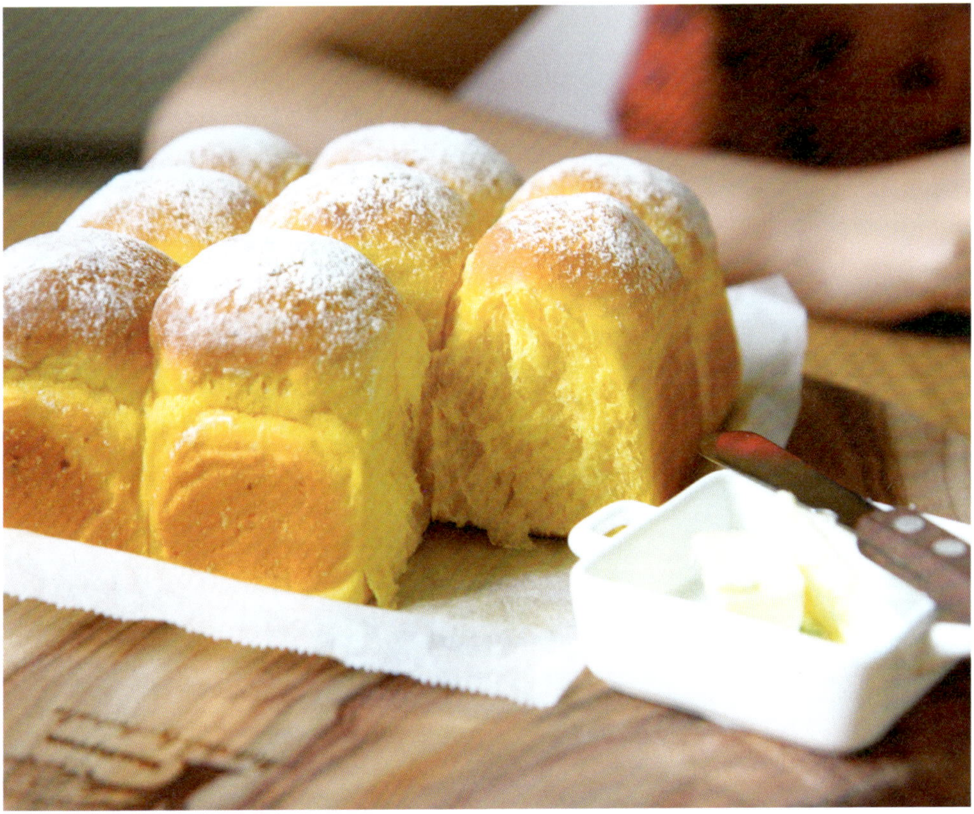

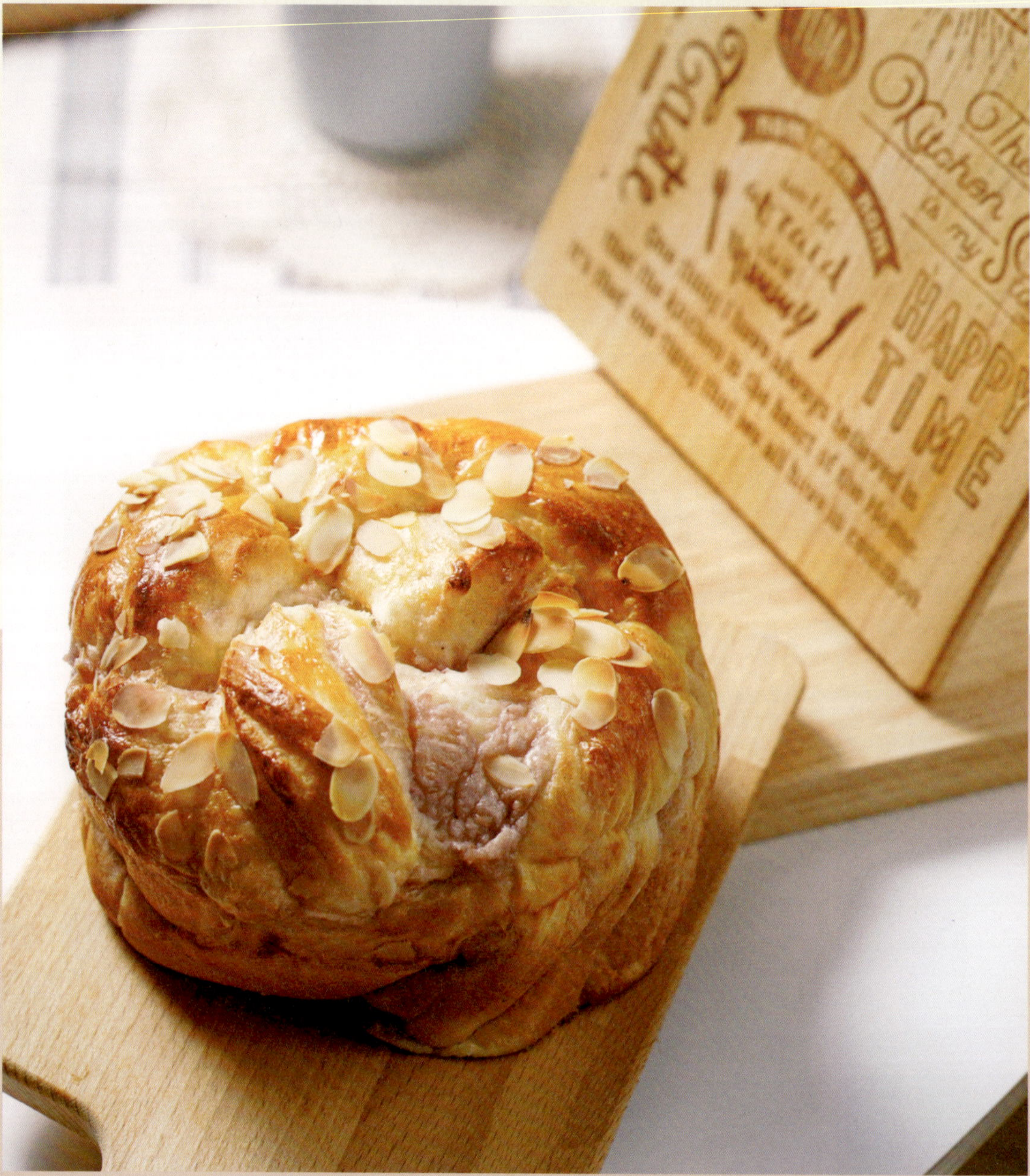
HAPPY
TIME

· 03 ·
夾餡手撕麵包

紅豆鮮奶油手撕包

這是一款很適合夏天的手撕包，
賞味前再將冰冰涼涼的鮮奶油擠入麵包中，風味更佳。

直徑約 21cm 的天使烤模
尖嘴花嘴與擠花袋

材料

麵糰
水..50g
鮮奶......................................66g
雞蛋......................................20g
高筋麵粉...............................200g
白砂糖...................................20g
鹽..2.5g
奶油......................................20g
酵母粉....................................2g

餡料
全蛋蛋液................................適量
市售紅豆餡............................150g

打發鮮奶油
動物性鮮奶油........................100g
砂糖......................................10g

作法

1. 放入所有麵糰材料，麵包機啟動【快速麵糰】功能，包含揉麵 + 一次發酵，總共約 1 小時 20 分鐘不等。

   ◆ 如果是使用攪拌器，方式為投入除了奶油以外的所有麵糰材料，設定慢速 3 分鐘，轉中速 2 分鐘，之後放入奶油，再設定慢速 2 分鐘、中速 4~6 分鐘（每一台機器不同，重點是要打出薄膜），之後進行一次發酵 60 分鐘。

   ◆ 此處請自行選擇家中麵包機相對應行程，行程總長約 1~1.5 小時左右。

2. 取出麵糰，分割成 6 等分，排氣滾圓，休息 10 分鐘。

3. 逐一拍平，包入 25g 的紅豆內餡 **1**，其餘 5 個以此類推。

4. 放入鋪好烘焙紙的烤模 **2**，放置於 35℃左右處（夏天室溫或烤箱等密閉空間或容器中），發酵 50 分鐘。

撕開麵包

5 烤箱預熱 190 度，麵包表面塗上蛋液，撒上適量白芝麻 3 。預熱完成，放入烤箱烘烤 18~19 分鐘就完成了！

6 鮮奶油與砂糖一起用食物處理機打發，放入裝有尖嘴的擠花袋，放入冷藏備用 4 。要吃之前，將鮮奶油灌入麵包中就可以享用冰涼的內餡 5 ！

香草卡士達手撕包

香草卡士達是很多人吃麵包時偏愛的口味。除了做為內餡使用外，拿來做成表面裝飾也很適合喔！

> 直徑約 21cm 的
> 天使烤模

材料

麵糰
水..100g
雞蛋..25g
高筋麵粉..200g
白砂糖..20g
鹽..2.5g
奶油..20g
酵母粉..2g

餡料及裝飾
卡士達醬（詳見 P030）..............120g
全蛋蛋液......................................適量

作法

1. 放入所有麵糰材料，麵包機啟動【快速麵糰】功能，包含揉麵 + 一次發酵，總共約 1 小時 20 分鐘不等。

    ◆ 如果是使用攪拌器，方式為投入除了奶油以外的所有麵糰材料，設定慢速 3 分鐘，轉中速 2 分鐘，之後放入奶油，再設定慢速 2 分鐘、中速 4~6 分鐘（每一台機器不同，重點是要打出薄膜），之後進行一次發酵 60 分鐘。

    ◆ 此處請自行選擇家中麵包機相對應行程，行程總長約 1~1.5 小時左右。

2. 取出麵糰，分割成 6 等分，排氣滾圓，靜置 10 分鐘。

3. 將麵糰拍平，包入 20~25g 不等的卡士達餡 **1 2 3**，然後將 6 個包好餡的麵糰排入鋪好烘焙紙的模具中。

撕開麵包

4　放置於 35℃左右處（夏天室溫或烤箱等密閉空間或容器中），發酵 50 分鐘 4 。

5　入烤箱前，於表面塗上一層蛋液，並在麵糰接縫處擠上卡士達醬 5 6 。

6　烤箱預熱 190~200℃，預熱完成後，放入烤箱烘烤 18~20 分鐘。

| TIP |
- 麵包烘烤後，若稍消氣，是正常現象。

巧克力手撕包

這是我們家大小巧克力控的最愛，香濃的可可味，一次可以吃下一整個。

> 直徑約 21cm 的天使烤模

材料

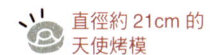

麵糰

老麵（詳見 P028）	40g
可可粉	13g
高筋麵粉	160g
奶粉	10g
水	122g
白砂糖	23g
酵母	2g
鹽	2g
奶油	18g

餡料

巧克力豆	適量

裝飾

高筋麵粉	適量

不使用老麵的麵糰配方

可可粉	15g	白砂糖	25g
高筋麵粉	185g	酵母	2g
奶粉	12g	鹽	2g
水	140g	奶油	20g

作法

1. 放入所有麵糰材料，麵包機啟動【快速麵糰】功能，包含揉麵 + 一次發酵，總共約 1 小時 20 分鐘不等。

   ◆ 如果是使用攪拌器，方式為投入除了奶油以外的所有麵糰材料，設定慢速 3 分鐘，轉中速 2 分鐘，之後放入奶油，再設定慢速 2 分鐘、中速 4~6 分鐘（每一台機器不同，重點是要打出薄膜），之後進行一次發酵 60 分鐘。

   ◆ 此處請自行選擇家中麵包機相對應行程，行程總長約 1~1.5 小時左右。

2. 取出麵糰，分割成 6 等分 **1**，排氣滾圓，靜置 10 分鐘。

3. 麵糰拍平，一個個捲起來後，搓成水滴狀 **2 3**。

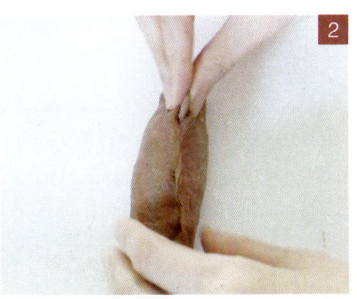

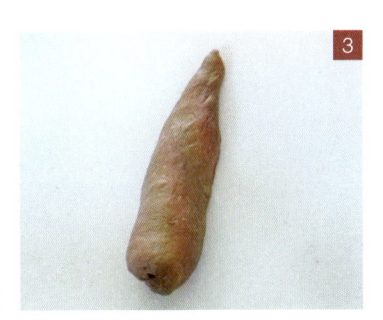

撕開麵包

4 擀成長度 30~35cm 左右 4 ，鋪上適量的巧克力豆 5 ，然後捲起來 6 。

5 將麵糰放入鋪好烘焙紙的中空烤模 7 ，放置於 35℃ 左右處（夏天室溫或烤箱等密閉空間或容器中），發酵 50 分鐘。

6 烤箱預熱 190℃，於麵糰表面噴點水，撒上高筋麵粉 8 。

7 預熱完成後，放入烤箱烘烤 16~18 分鐘。

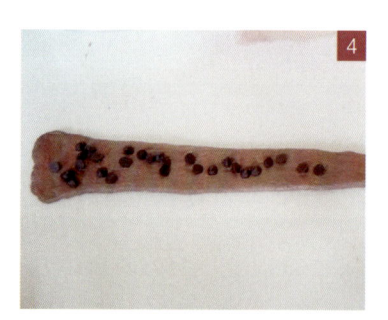

芋泥辮子手撕包

芋泥是台式麵包中的經典款，夾雜在麵包中的香濃芋泥，任誰都無法抗拒。

> 6 吋活動式蛋糕烤模

材料

麵糰
雞蛋	30g
水	95g
高筋麵粉	200g
白砂糖	20g
鹽	2g
奶油	20g
酵母	2g

裝飾及餡料
芋泥餡（詳見 P032）	約 130g
杏仁片	適量
全蛋蛋液	些許

作法

1. 放入所有麵糰材料，麵包機啟動【快速麵糰】功能，包含揉麵 + 一次發酵，總共約 1 小時 20 分鐘不等。

    ◆ 如果是使用攪拌器，方式為投入除了奶油以外的所有麵糰材料，設定慢速 3 分鐘，轉中速 2 分鐘，之後放入奶油，再設定慢速 2 分鐘、中速 4~6 分鐘（每一台機器不同，重點是要打出薄膜），之後進行一次發酵 60 分鐘。

    ◆ 此處請自行選擇家中麵包機相對應行程，行程總長約 1~1.5 小時左右。

2. 取出麵糰，排氣滾圓，靜置 10 分鐘 1 。

3. 將麵糰擀成 30x35cm 長方形，抹上一層芋泥餡 2 ，捲起來 3 。

4 切出 3 等分 4 5，綁成辮子狀 6。

5 將麵糰放入鋪好烘焙紙的烤模中 7，放置於 35℃左右處（夏天室溫或烤箱等密閉空間或容器中），發酵 50 分鐘，塗上蛋液，撒上杏仁片 8。

6 烤箱預熱 200℃，預熱完成後，底部墊上烤盤，放入烤箱烘烤 20~22 分鐘。

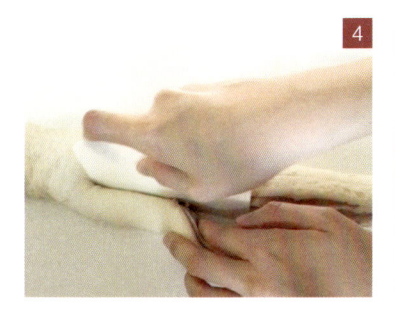

| TIP
內餡有芋泥的麵包，因水分含量高，烘烤時間需要拉長。

蔓越莓鹹甜奶酥手撕包

為了讓奶酥吃起來不那麼甜膩，配方中加入了帕瑪森起司來添加鹹味，效果出乎意外的好，成為網友票選第二名的手撕包。

材料

麵糰
水	105g
雞蛋	20g
高筋麵粉	200g
白砂糖	20g
鹽	2.5g
奶油	20g
酵母粉	2g

餡料
鹹甜奶酥餡（詳見 P033）	1 份
蔓越莓乾	適量

裝飾
全蛋蛋液	適量
杏仁片	適量

6 吋活動式蛋糕烤模

作法

1. 放入所有麵糰材料，麵包機啟動【快速麵糰】功能，包含揉麵 + 一次發酵，總共約 1 小時 20 分鐘不等。

   ◆ 如果是使用攪拌器，方式為投入除了奶油以外的所有麵糰材料，設定慢速 3 分鐘，轉中速 2 分鐘，之後放入奶油，再設定慢速 2 分鐘、中速 4~6 分鐘（每一台機器不同，重點是要打出薄膜），之後進行一次發酵 60 分鐘。
   ◆ 此處請自行選擇家中麵包機相對應行程，行程總長約 1~1.5 小時左右。

2. 取出麵糰，排氣滾圓，靜置 10 分鐘 **1**。

3. 將麵糰擀成長度 30x35cm 左右的長度，抹上奶酥餡 **2**，撒上少量蔓越莓乾 **3**。

撕開麵包

5 從旁邊開始折疊 4 次 4 5，再從中間切開 6。

6 將餡料面朝上，頭尾兩端向中間捲起 7，放入鋪好烘焙紙的烤模 8。

7 放置於 35℃左右處（夏天室溫或烤箱等密閉空間或容器中），發酵 50 分鐘。

8 烤箱預熱 190℃，預熱完成，塗上適量蛋液 9，放上杏仁片，放入烤箱烘烤 18~20 分鐘。

蔓越莓乳酪手撕包

加了 Crema Cheese 的蔓越莓乳酪醬，一咬下就令人驚艷，
一起來試試這款新口味吧！

6 吋活動式蛋糕烤模

材料

麵糰
鮮奶.. 66g
水.. 65g
高筋麵粉.. 200g
白砂糖.. 20g
鹽.. 2g
奶油.. 25g
酵母.. 2g

餡料
蔓越莓乳酪醬（詳見 P031）............約 80g
蔓越莓乾..適量

裝飾
蔓越莓乾碎......................................適量
全蛋蛋液..適量

作法

1. 放入所有麵糰材料，麵包機啟動【快速麵糰】功能，包含揉麵 + 一次發酵，總共約 1 小時 20 分鐘不等。

   ◆ 如果是使用攪拌器，方式為投入除了奶油以外的所有麵糰材料，設定慢速 3 分鐘，轉中速 2 分鐘，之後放入奶油，再設定慢速 2 分鐘、中速 4~6 分鐘（每一台機器不同，重點是要打出薄膜），之後進行一次發酵 60 分鐘。

   ◆ 此處請自行選擇家中麵包機相對應行程，行程總長約 1~1.5 小時左右。

2. 取出麵糰，分割成 4 等分，排氣滾圓，靜置 10 分鐘。

3. 擀成 15x20cm 長方形，塗上 15~20g 不等的蔓越莓乳酪醬 1，然後撒上適量的蔓越莓乾 2。

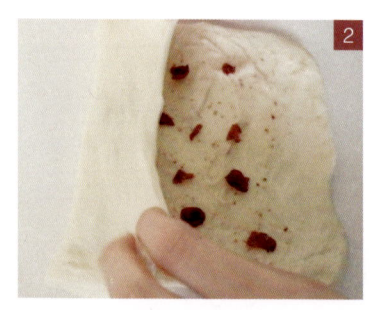

4 左右蓋起來之後 3 ，翻過面來，劃出 6~7 條紋路 4 ，再翻過來之後捲起來 5 ，4 個都做好後，再繞圈放入鋪好烘焙紙的烤模 6 。

5 放置於 35℃左右處（夏天室溫或烤箱等密閉空間或容器中），發酵 50 分鐘。時間到後，塗上蛋液 7 。

6 烤箱預熱 200℃，預熱完成後，烘烤 18~20 分鐘。

7 出爐後，撒上適量蔓越莓乾碎。

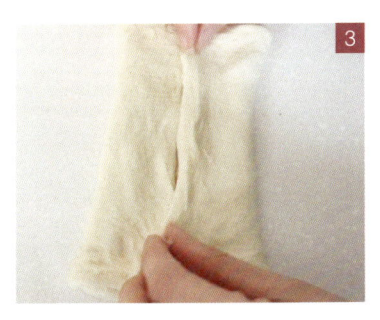

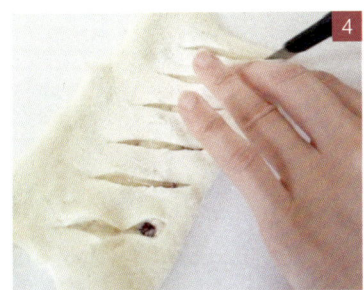

抹茶紅豆麻糬手撕包

抹茶和紅豆一直是很要好的甜食搭擋，為了增添口感，
加入了入口即化的麻糬，特別好吃。

> 直徑約 21cm 的天使烤模

材料

麵糰

高筋麵粉	193g
靜岡無糖抹茶粉	5g
森半抹茶粉（綠球藻）	2g
鮮奶	77g
水	50g
白砂糖	25g
鹽	2g
酵母	2g
奶油	25g

餡料

蜜紅豆	適量
麻糬（詳見 P034）	適量
植物油	少許

裝飾

鮮奶	少許

作法

1. 放入所有麵糰材料，麵包機啟動【快速麵糰】功能，包含揉麵 + 一次發酵，總共約 1 小時 20 分鐘不等。（或者也可以麵糰揉好之後，放入冰箱冷藏 7~12 小時之後，再取出來整形）

    ◆ 如果是使用攪拌器，方式為投入除了奶油以外的所有麵糰材料，設定慢速 3 分鐘，轉中速 2 分鐘，之後放入奶油，再設定慢速 2 分鐘、中速 4~6 分鐘（每一台機器不同，重點是要打出薄膜），之後進行一次發酵 60 分鐘。

    ◆ 此處請自行選擇家中麵包機相對應行程，行程總長約 1~1.5 小時左右。

2. 取出麵糰，分割成 6 等分 **1**，滾圓之後，放置 10 分鐘。

3 將麵糰拍平，取一個塑膠袋，抹上一點油，取適量的麻糬，放上適量的蜜紅豆 2，一個個包起來 3 4。

4 把麵糰放入鋪好烘焙紙的烤模內 5，放置於 35℃左右處（夏天室溫或烤箱等密閉空間或容器中），發酵 50 分鐘。

5 麵糰表面塗抹上鮮奶 6，烤箱預熱 200℃，放入烤箱烘烤約 18~20 分鐘。

| TIP |

因內餡包含麻糬，較不容易熟，烘烤時間可稍微拉長一點。

蘋果手撕包

夾入自家製的手工蘋果醬,再放上一朵蘋果玫瑰,
是一款內外皆美的手撕包。

> 直徑約 21cm 的天使烤模

材料

麵糰

雞蛋	20g
冰水	105g
高筋麵粉	200g
白砂糖	20g
鹽	2g
奶油	20g
酵母	2g

餡料

蘋果果醬（詳見 P032）	1 份

裝飾

全蛋蛋液	適量
蘋果花（詳見 P035）	1 朵
糖粉	適量

作法

1. 放入所有麵糰材料，麵包機啟動【快速麵糰】功能，包含揉麵 + 一次發酵，總共約 1 小時 20 分鐘不等。

    ◆ 如果是使用攪拌器，方式為投入除了奶油以外的所有麵糰材料，設定慢速 3 分鐘、轉中速 2 分鐘，之後放入奶油，再設定慢速 2 分鐘、中速 4~6 分鐘，之後進行一次發酵 60 分鐘。
    ◆ 此處請自行選擇家中麵包機相對應行程，行程總長約 1~1.5 小時左右。

2. 取出麵糰，分割成 6 等分，排氣滾圓，休息 10 分鐘 **1**。

3. 將麵糰拍平，包入約 20~25g 不等的蘋果果醬 **2 3**（可依個人喜好增減）。

撕開麵包

4 把麵糰放入鋪好烘焙紙的烤模內 4 ，放置於 35℃左右處（夏天室溫或烤箱等密閉空間或容器中），發酵 50 分鐘。

5 於麵糰表面塗上蛋液 5 ，再用剪刀剪出一個洞 6 7 。

6 烤箱預熱 200℃，預熱完成後在底部墊上烤盤，放入烤箱烘烤 18~20 分鐘。

7 冷卻之後，在中間放上一朵蘋果花，撒上適量糖粉。

巧克力麻花手撕包

將巧克力榛果醬夾在麵包中,撕開來吃時,還可見到漂亮的紋路,美味又療癒。

> 直徑約 21cm 的
> 天使烤模

材料

麵糰

高筋麵粉	200g
水	125g
白砂糖	20g
鹽	2g
奶油	25g
酵母	2g

裝飾

市售巧克力榛果醬	90g
全蛋蛋液	適量

作法

1. 放入所有麵糰材料，麵包機啟動【快速麵糰】功能，包含揉麵 + 一次發酵，總共約 1 小時 20 分鐘不等。

    ◆ 如果是使用攪拌器，方式為投入除了奶油以外的所有麵糰材料，設定慢速 3 分鐘，轉中速 2 分鐘，之後放入奶油，再設定慢速 2 分鐘、中速 4~6 分鐘，之後進行一次發酵 60 分鐘。
    ◆ 此處請自行選擇家中麵包機相對應行程，行程總長約 1~1.5 小時左右。

2. 取出麵糰，分割成 6 等分，排氣滾圓。

3. 取其中一個麵糰拍平，包入 15g 的巧克力榛果醬 **1 2**，再擀成 15x10cm 的長方形。

撕開麵包

4 在麵糰中間劃出幾條斜線 3，捲起來之後 4，再把前後麵糰連接起來，放入鋪好烘焙紙的烤模 5。

5 放置於 35℃左右處（夏天室溫或烤箱等密閉空間或容器中），發酵約 50 分鐘。

6 烤箱預熱 200℃，麵糰塗上蛋液 6，烤箱預熱好之後，放入烤箱烘烤約 16~18 分鐘。

細軟甜奶油手撕包

這款手撕包，吃起來細緻而軟綿，咀嚼時散發淡淡的甜味，屬於耐吃品味款。

> 6 吋活動式蛋糕烤模

材料

麵糰

鮮奶	66g
水	65g
高筋麵粉	200g
白砂糖	20g
鹽	2g
奶油	20g
酵母	2g

餡料

軟化的發酵奶油	適量
白砂糖	適量
全蛋蛋液	適量

作法

1. 放入所有麵糰材料，麵包機啟動【快速麵糰】功能，包含揉麵 + 一次發酵，總共約 1 小時 20 分鐘不等。

   ◆ 如果是使用攪拌器，方式為投入除了奶油以外的所有麵糰材料，設定慢速 3 分鐘，轉中速 2 分鐘，之後放入奶油，再設定慢速 2 分鐘、中速 4~6 分鐘，之後進行一次發酵 60 分鐘。

   ◆ 此處請自行選擇家中麵包機相對應行程，行程總長約 1~1.5 小時左右。

2. 取出麵糰，分割成 4 等分，排氣滾圓，靜置 10 分鐘。

3. 將麵糰擀成 15x20cm 長方形，塗上適量的軟化奶油 1，撒上適量白砂糖 2。

4　兩邊往左右蓋起來之後 3，翻過來畫出 6~7 條紋路 4，翻過來之後捲起來 5，再繞圈放入烤模中 6。

5　放置於 35℃左右處（夏天室溫或烤箱等密閉空間或容器中），發酵 50 分鐘。塗上蛋液 7。

6　烤箱預熱 200℃，預熱完成後，放入烤箱烘烤 18~20 分鐘。

7　出爐後，可視個人喜好撒上適量蔓越莓碎（不撒也可以）8。

| TIP |

砂糖千萬不要只撒一點點，等到吃的時候，你一定會後悔的。

花生手撕包

使用自製花生做為內餡，真材實料又零添加物，非常香濃好吃喔！

> 直徑約 21cm 的天使烤模

材料

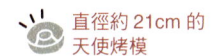

麵糰
水..125g
高筋麵粉..................................200g
白砂糖......................................20g
鹽..2g
奶油..20g
酵母粉..2g

餡料
花生醬（詳見 P033）..............適量

裝飾
花生醬....................................適量
杏仁角....................................適量
全蛋蛋液................................適量

作法

1. 放入所有麵糰材料，麵包機啟動【快速麵糰】功能，包含揉麵 + 一次發酵，總共約 1 小時 20 分鐘不等。

    ◆ 如果是使用攪拌器，方式為投入除了奶油以外的所有麵糰材料，設定慢速 3 分鐘，轉中速 2 分鐘，之後放入奶油，再設定慢速 2 分鐘、中速 4~6 分鐘，之後進行一次發酵 60 分鐘。
    ◆ 此處請自行選擇家中麵包機相對應行程，行程總長約 1~1.5 小時左右。

2. 取出麵糰，分割成 6 等分，排氣滾圓，靜置 10 分鐘。

3. 將麵糰擀成 15x18cm 的方形 **1**，在下方放入適量花生醬 **2**，再將下方麵糰往上翻 **3**。

撕開麵包

4　上方麵糰畫開成出 8 等分 4 ，自下捲起來之後 5 6 ，將麵糰前後靠緊 7 ，放入鋪好烘焙紙的烤模。

5　全部捲好後，放入烤模。放置於 35℃左右處（夏天室溫或烤箱等密閉空間或容器中），發酵 50 分鐘 8 。

6　烤箱預熱 190℃度，塗上適量蛋液，撒上杏仁角 9 ，預熱完成，放入烤箱烘烤 16~18 分鐘。

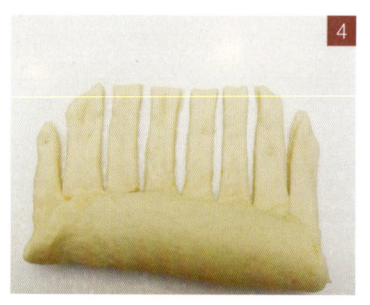

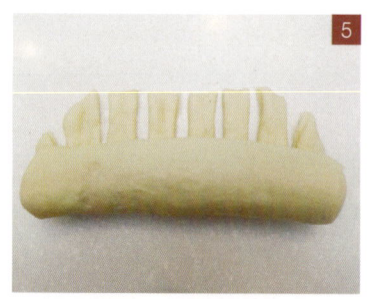

黑芝麻手撕包

味道香醇的黑芝麻，加上砂糖調成甜口味後放入麵包中，吃得到滿滿的芝麻香。
配方中使用植物油來製作芝麻餡，一樣的美味卻少了些負擔。

🥮 6吋活動式蛋糕烤模

材料

麵糰
- 水 125g
- 高筋麵粉 200g
- 白砂糖 20g
- 鹽 2.5g
- 奶油 20g
- 酵母粉 2g

餡料
- 黑芝麻粉 75g
- 白砂糖 45g
- 植物油 15g

裝飾
- 鮮奶 .... 適量
- 黑芝麻／黑芝麻粉 .... 適量

作法

1. 將所有黑芝麻餡料攪拌均勻備用 **1**。

2. 放入所有麵糰材料，麵包機啟動【快速麵糰】功能，包含揉麵 + 一次發酵，總共約 1 小時 20 分鐘不等。

   ◆ 如果是使用攪拌器，方式為投入除了奶油以外的所有麵糰材料，設定慢速 3 分鐘，轉中速 2 分鐘，之後放入奶油，再設定慢速 2 分鐘、中速 4~6 分鐘，之後進行一次發酵 60 分鐘。
   ◆ 此處請自行選擇家中麵包機相對應行程，行程總長約 1~1.5 小時左右。

3. 取出麵糰，分割成 6 等分，排氣滾圓，靜置 10 分鐘。

4. 將麵糰拍平，放入適量的黑芝麻餡 **2**，麵糰往中間收口並且捏緊 **3** **4**。 再將下方麵糰合起來捏緊，呈現三角形狀 **5**。

5 將麵糰放入鋪好烘焙紙的烤模，放置於 35℃左右處（夏天室溫或烤箱等密閉空間或容器中），發酵 50 分鐘 6 。

6 烤箱預熱 190℃，麵糰塗上適量的鮮奶，撒上適量黑芝麻或黑芝麻粉 7 。

7 預熱完成後，放入烤箱烘烤 18~20 分鐘。

| TIP |
- 吃得到黑芝麻顆粒口感，而非流動的芝麻餡喔！
- 黑芝麻餡若有剩餘是正常現象。

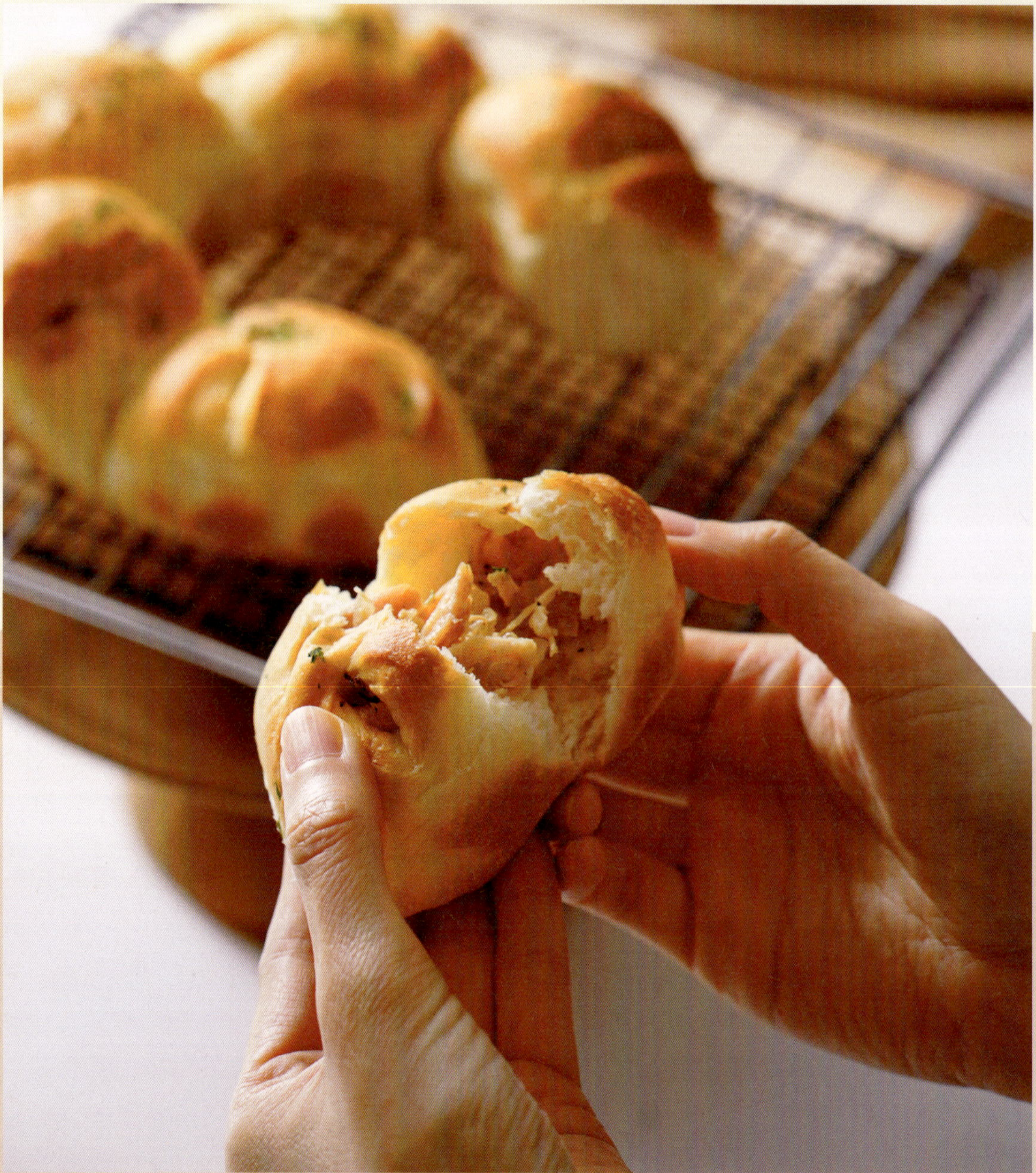

· 04 ·
鹹味手撕麵包

帕瑪森手撕包

微烤加溫後的酥脆外皮，加上鹹香的起司粉，濃郁噴香，
是讓人好滿足的鬆軟麵包。

> 直徑約 21cm 的天使烤模

材料

麵糰
水	65g
鮮奶	66g
高筋麵粉	200g
白砂糖	20g
鹽	2.5g
奶油	20g
酵母粉	2g

裝飾
帕瑪森起司粉	適量

| TIP |

沾上起司粉的麵包比較容易上色，烤溫不宜過高。

作法

1. 放入所有麵糰材料，麵包機啟動【快速麵糰】功能，包含揉麵 + 一次發酵，總共約 1 小時 20 分鐘不等。

   ◆ 如果是使用攪拌器，方式為投入除了奶油以外的所有麵糰材料，設定慢速 3 分鐘，轉中速 2 分鐘，之後放入奶油，再設定慢速 2 分鐘、中速 4~6 分鐘（每一台機器不同，重點是要打出薄膜），之後進行一次發酵 60 分鐘。

   ◆ 此處請自行選擇家中麵包機相對應行程，行程總長約 1~1.5 小時左右。

2. 取出麵糰，分割成 6 等分，排氣滾圓。

3. 在麵糰表面噴一點水，沾上適量的帕瑪森起司粉 1，就可以直接放入鋪好烘焙紙的烤模中。

4. 放置於 35℃左右處（夏天室溫或烤箱等密閉空間或容器中），發酵 50 分鐘。

5. 烤箱預熱 190℃，預熱完成，放入烤箱烘烤 16～17 分鐘。

香蒜奶油手撕包

當之無愧的手撕麵包冠軍，香氣濃郁入口卻偏清爽，每次的成品都能讓人瞬間秒殺。

> 6吋活動式
> 蛋糕烤模

材料

麵糰
鮮奶	66g
水	70g
高筋麵粉	200g
白砂糖	15g
鹽	2g
奶油	20g
酵母	2g

大蒜抹醬
無鹽奶油	40g
大蒜	8g
鹽	1g

裝飾
巴西里葉碎	適量
橄欖油	少量

作法

1. 製作大蒜抹醬。請準備一調理盆，先將大蒜打碎，放入室溫軟化的奶油及鹽，以刮刀攪拌均勻即可。要塗抹之前，請確定奶油已軟化再塗抹。

2. 放入所有麵糰材料，麵包機啟動【快速麵糰】功能，包含揉麵 + 一次發酵，總共約 1 小時 20 分鐘不等。

   ◆ 如果是使用攪拌器，方式為投入除了奶油以外的所有麵糰材料，設定慢速 3 分鐘，轉中速 2 分鐘，之後放入奶油，再設定慢速 2 分鐘、中速 4~6 分鐘（每一台機器不同，重點是要打出薄膜），之後進行一次發酵 60 分鐘。

   ◆ 此處請自行選擇家中麵包機相對應行程，行程總長約 1~1.5 小時左右。

3. 取出麵糰，分割成 4 等分，排氣滾圓，靜置 10 分鐘 **1**。

4. 將麵糰擀成 15x20cm 長方形，塗上 8~10g 大蒜抹醬 **2**，捲起來 **3**，4 個麵糰皆按此步驟完成。

5 依序將麵糰一個圈著一個放到鋪好烘焙紙的烤模裡面 4 5 6 ，總共劃出 8 刀 7 。

6 放置於 35℃左右處（夏天室溫或烤箱等密閉空間或容器中），發酵 50 分鐘。時間到後，一一塗上蛋液 8 。

7 烤箱預熱 200℃，預熱完成後，於底部墊上烤盤，放入烤箱烘烤 18~20 分鐘即完成。

8 出爐後，趁熱塗上薄薄的橄欖油，撒上巴西里葉碎即完成。

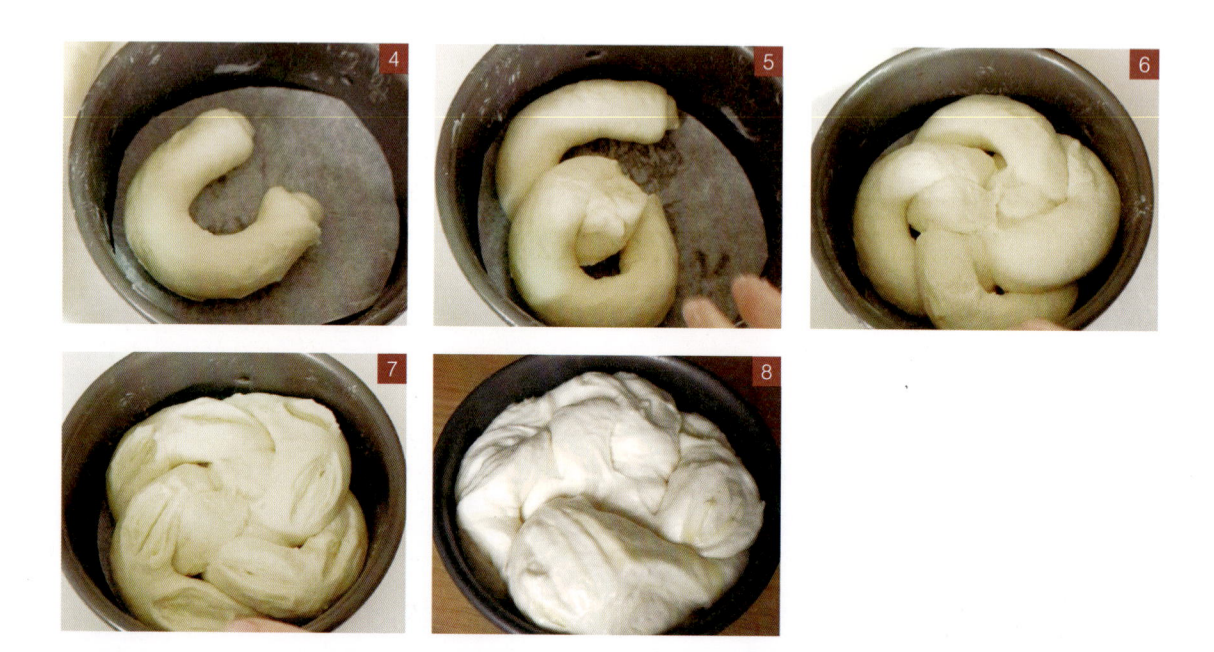

九層塔火腿起司手撕包

鹹香好吃的義式風味,稍微有點嚼勁,略偏歐式麵包,
很適合胃口比較差的夏天。

> 直徑約 21cm 的
> 天使烤模

材料

麵糰
水..125g
高筋麵粉..200g
白砂糖.. 10g
鹽...2.5g
橄欖油.. 10g
酵母粉.. 2g

投料
九層塔.. 15g

餡料
火腿.......................................2~3 片（切小丁）
起司片.......................................2 片（切小塊）

裝飾
橄欖油...少許
帕瑪森起司粉...適量

作法

1. 九層塔洗乾淨，用紙巾擦去水分 **1**，切小片備用。

2. 放入所有麵糰材料，麵包機啟動【快速麵糰】功能並設定投料，包含揉麵 + 一次發酵，總共約 1 小時 20 分鐘不等 **2**。麵糰揉好後，在發酵之前，請檢查一下九層塔是否均勻分散在麵糰裡 **3**。

   ◆ 如果是使用攪拌器，方式為投入所有麵糰材料，設定慢速 3 分鐘，中速 4~6 分鐘（每一台機器不同，重點是要打出薄膜），投入九層塔後，設定慢速 2~3 分鐘，讓料分散均勻即可，之後進行一次發酵 60 分鐘。

   ◆ 此處請自行選擇家中麵包機相對應行程，行程總長約 1~1.5 小時左右。

3 取出麵糰，分割成 6 等分，排氣滾圓，靜置 10 分鐘 4 。

4 將麵糰擀成至呈橢圓形 5 ，下半部放入適量的火腿與起司 6 ，上半部切割成 4 等分 7 ，進行編織（ 8 ~ 11 ）。

撕開麵包

5 將麵糰放入鋪好烘焙紙的烤模 12，放置於 35℃左右處（夏天室溫或烤箱等密閉空間或容器中），發酵 50 分鐘 13。

6 入烤箱前，於表層塗上橄欖油，撒上起司粉 14。

7 烤箱預熱 210℃，預熱完成後，放入烤箱烘烤 20 分鐘。

| TIP |

以上作法也可以改用四方形模具，只要在分割時切割成 9 等分 15，其他步驟都一樣喔！

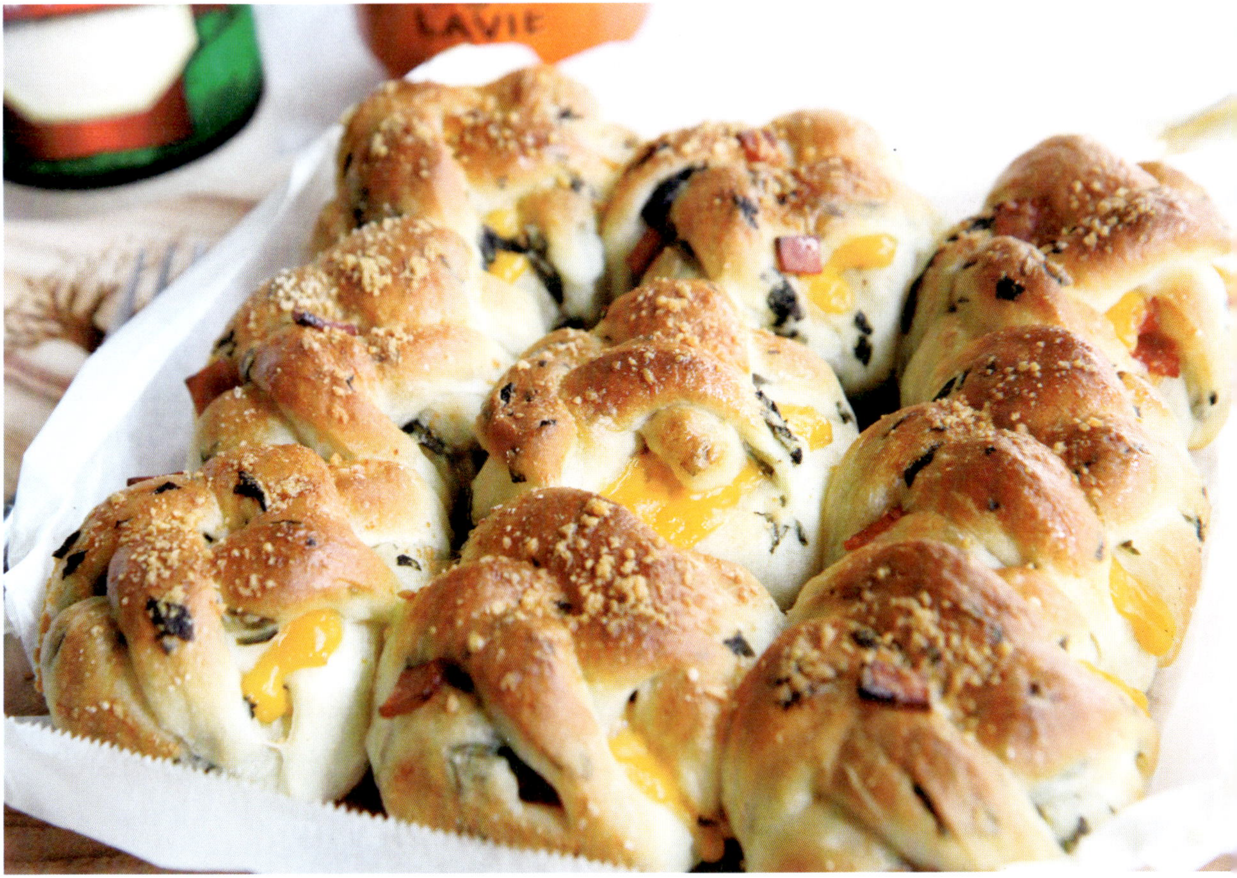
LAVIE

黑胡椒培根起司花圈

鹹香的培根和起司，搭配黑胡椒的香氣，越嚼越香，最適合早餐不愛吃甜的人。

> 直徑約 21cm 的天使烤模

材料

麵糰

高筋麵粉	200g
鮮奶	77g
水	60g
白砂糖	20g
鹽	2g
酵母	2g
橄欖油	15g

餡料

培根	5~6 條
黑胡椒	適量
乳酪絲	適量

裝飾

巴西里葉碎	適量
橄欖油	少許

作法

1. 放入所有麵糰材料，麵包機啟動【快速麵糰】功能，包含揉麵 + 一次發酵，總共約 1 小時 20 分鐘不等。

    ◆ 如果是使用攪拌器，方式為投入除了奶油以外的所有麵糰材料，設定慢速 3 分鐘，轉中速 2 分鐘，之後放入奶油，再設定慢速 2 分鐘、中速 4~6 分鐘（每一台機器不同，重點是要打出薄膜），之後進行一次發酵 60 分鐘。

    ◆ 此處請自行選擇家中麵包機相對應行程，行程總長約 1~1.5 小時左右。

2. 取出麵糰，排氣滾圓，靜置 10 分鐘。

3. 將麵糰擀成 30x35cm 長方形，鋪上培根 1，撒上黑胡椒之後捲起來 2。

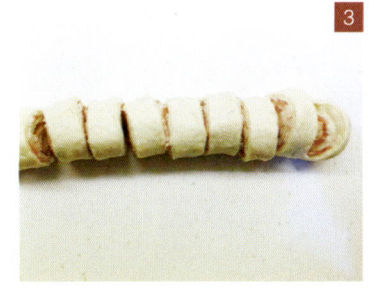

撕開麵包

4 切割成 10 等分 3 ，交疊放入鋪好烘焙紙的烤模 4 。

5 放置於 35℃左右處（夏天室溫或烤箱等密閉空間或容器中），發酵 50 分鐘 5 。撒上適量乳酪絲 6 。

6 烤箱預熱 200℃，預熱完成後，放入烤箱烘烤 16~~18 分鐘。

7 出爐後，趁熱抹上一層橄欖油，再撒上適量巴西里葉碎。

燻雞洋蔥手撕包

洋蔥炒過後釋放出天然甜味，中和了燻雞的鹹度，是家中十分受歡迎的麵包款式。

> 直徑約 21cm 的
> 天使烤模

材料

麵糰

高筋麵粉	200g
雞蛋	30g
水	95g
白砂糖	15g
鹽	2g
酵母	2g
奶油	15g

餡料

燻雞肉洋蔥（詳見 P033）	120g ▌1

裝飾

巴西里葉碎	適量
橄欖油	少許

作法

1. 放入所有麵糰材料，麵包機啟動【快速麵糰】功能，包含揉麵 + 一次發酵，總共約 1 小時 20 分鐘不等。

    ◆ 如果是使用攪拌器，方式為投入除了奶油以外的所有麵糰材料，設定慢速 3 分鐘，轉中速 2 分鐘，之後放入奶油，再設定慢速 2 分鐘、中速 4~6 分鐘（每一台機器不同，重點是要打出薄膜），之後進行一次發酵 60 分鐘。

    ◆ 此處請自行選擇家中麵包機相對應行程，行程總長約 1~1.5 小時左右。

2. 取出麵糰，任意分割成 6 等分，排氣滾圓，靜置 10 分鐘。

3. 取一麵糰拍平之後，包入 20g 燻雞肉，包起來捏緊收口 ▌2，做出 6 個後，放入鋪好烘焙紙的烤模中。

撕開麵包

3　放置於 35℃左右處（夏天室溫或烤箱等密閉空間或容器中），發酵約 50~60 分鐘，在麵糰上方剪出兩個洞 3 4 。

4　烤箱預熱 200℃，放入烤箱烘烤約 16~18 分鐘。

5　塗上少許橄欖油，撒上巴西里葉碎即完成。

蔥花捲手撕包

撒上滿滿的蔥花,讓配角一躍成為麵包的味道主角。
鹹鹹香香的好滋味,手撕的做法,讓蔥花麵包更美了。

> 直徑約 21cm 的
> 天使烤模

材料

麵糰
水	105g
雞蛋	20g
高筋麵粉	200g
白砂糖	20g
鹽	2g
奶油	20g
酵母粉	2g

餡料
蔥花	65g
橄欖油	15g
黑胡椒	適量
糖	2g
鹽	1.5-2g

作法

1. 放入所有麵糰材料，麵包機啟動【快速麵糰】功能，包含揉麵 + 一次發酵，總共約 1 小時 20 分鐘不等。

   ◆ 如果是使用攪拌器，方式為投入除了奶油以外的所有麵糰材料，設定慢速 3 分鐘，轉中速 2 分鐘，之後放入奶油，再設定慢速 2 分鐘、中速 4~6 分鐘（每一台機器不同，重點是要打出薄膜），之後進行一次發酵 60 分鐘。

   ◆ 此處請自行選擇家中麵包機相對應行程，行程總長約 1~1.5 小時左右。

2. 取出麵糰，排氣滾圓 **1**，靜置 10 分鐘，趁此時間把蔥花餡的所有材料混合均勻備用。

3. 將麵糰擀成 25x30cm 的長方形 **2**。

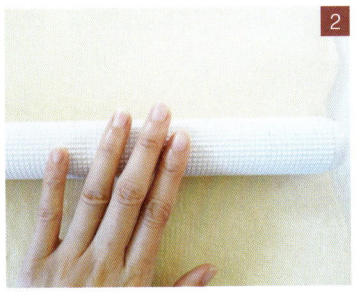

撕開麵包

4 鋪上蔥花餡料，捲起來 3 4 ，收口捏緊 5 。

5 分割成 6 等分 6 ，排列在鋪好烘焙紙的烤模上 7 。放置於 35℃左右處（夏天室溫或烤箱等密閉空間或容器中），發酵 50 分鐘 8 。

6 烤箱預熱 190℃，預熱完成後，放入烤箱烘烤 16~17 分鐘。

軟 Q 大蒜手撕包

烘烤到表面金黃香酥,一吃就停不下來,是讓人回味無窮的完美口味。

18cm 圓型烤模

材料

麵糰

高筋麵粉	150g
水	95g
白砂糖	10g
鹽	1.5g
酵母	1.5g
橄欖油	10g

餡料

大蒜橄欖油（詳見 P030）	40g

裝飾

巴西里葉	適量

作法

1. 放入所有麵糰材料，麵包機啟動【快速麵糰】功能，包含揉麵 + 一次發酵，總共約 1 小時 20 分鐘不等。

   ◆ 如果是使用攪拌器，方式為投入除了奶油以外的所有麵糰材料，設定慢速 3 分鐘，轉中速 2 分鐘，之後放入奶油，再設定慢速 2 分鐘、中速 4~6 分鐘（每一台機器不同，重點是要打出薄膜），之後進行一次發酵 60 分鐘。
   ◆ 此處請自行選擇家中麵包機相對應行程，行程總長約 1~1.5 小時左右。

2. 取出麵糰，分割成 7 等分，排氣滾圓，放入烤模內（鋪烘焙紙）。
3. 放置於 35℃左右處（夏天室溫），發酵約 40 分鐘 1 。
4. 烤箱預熱 200℃，塗抹上大蒜橄欖油 2 。
5. 預熱完成後，放入烤箱烘烤約 15 ～ 16 分鐘。

> **TIP**
> 若沒有 18cm 圓形烤模，可以將麵糰緊密地排放在一般烤盤或鑄鐵鍋上即可。

蔥花肉鬆漩渦手撕包

道地懷舊的香蔥肉鬆麵包，賣相討喜，簡單的味道卻讓人百吃不厭，是永遠不退流行的經典口味。

🎩 6吋活動式
蛋糕烤模

材料

麵糰
水	125g
高筋麵粉	200g
白砂糖	20g
鹽	2g
奶油	20g
酵母粉	2g

蔥花餡
蔥花	65g
橄欖油	15g
白胡椒	適量
鹽	1.5~2g

裝飾
肉鬆	適量

作法

1. 將所有蔥花餡的材料混合均勻備用。

2. 放入所有麵糰材料，麵包機啟動【快速麵糰】功能，包含揉麵 + 一次發酵，總共約 1 小時 20 分鐘不等。

   ◆ 如果是使用攪拌器，方式為投入除了奶油以外的所有麵糰材料，設定慢速 3 分鐘，轉中速 2 分鐘，之後放入奶油，再設定慢速 2 分鐘、中速 4~6 分鐘，之後進行一次發酵 60 分鐘。

   ◆ 此處請自行選擇家中麵包機相對應行程，行程總長約 1~1.5 小時左右。

3. 取出麵糰，排氣滾圓 **1**，靜置 10 分鐘。

4. 將麵糰擀成 25x30cm 的長方形，鋪上蔥花餡料，再放上適量肉鬆 **2 3**。

5 把麵糰切成 5 等分 4，先把其中 1 等分捲起來，再放到第 2 等分 5 上繼續捲。

6 將全部麵糰都捲成一捲後，放入鋪好烘焙紙的烤模中 6。放置於 35℃左右處（夏天室溫或烤箱等密閉空間或容器中），發酵 50 分鐘 7。

7 烤箱預熱 190℃，預熱完成後，放入烤箱烘烤 20~22 分鐘。

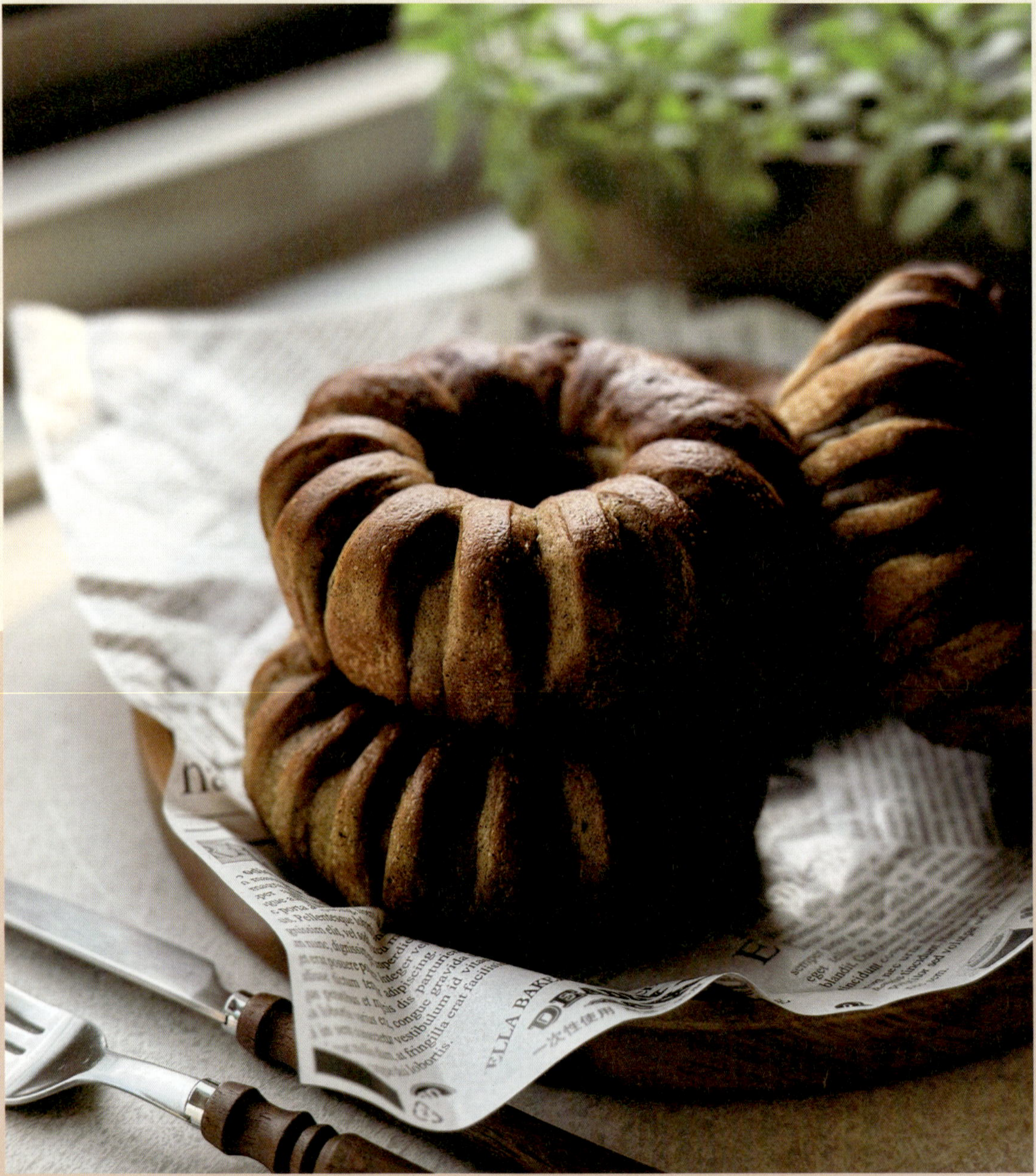
一次性使用

· 05 ·

迷你天使手撕包

巧克力手撕花圈

每一次做巧克力，對我來說是最輕鬆的選擇，因為兩個孩子難得有共識，也會吃得比平常早餐來多。這次做成小花圈，看起來好像波堤甜甜圈。吃的時候，一個一個拔起來，小巧又可愛。

> 直徑約 13cm 的
> 迷你天使烤模

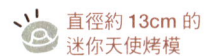

材料

麵糰
高筋麵粉	185g
可可粉	15g
鮮奶	55g
水	75g
砂糖	25g
酵母	2g
鹽巴	2g
奶油	20g

餡料
巧克力豆	適量

作法

1. 放入所有麵糰材料，麵包機啟動【麵包麵糰】功能，包含揉麵＋一次發酵，60 分鐘。

   ◆ 如果是使用攪拌器，方式為投入除了奶油以外的所有麵糰材料，設定慢速 3 分鐘，轉中速 2 分鐘，之後放入奶油，再設定慢速 2 分鐘、中速 4~6 分鐘（每一台機器不同，重點是要打出薄膜），之後進行一次發酵 60 分鐘。

   ◆ 此處請自行選擇家中麵包機相對應行程，行程總長約 1~1.5 小時左右。

2. 取出麵糰，分割成 20 等分，排氣滾圓，休息 10 分鐘。

3. 將麵糰拍平，包入適量的巧克力內餡。

4. 將中空模具塗上適量的奶油，再放入麵糰，每一個模具放入 5 個麵糰 **1**。

5. 放置於 35℃左右處，發酵 50 分鐘 **2**。

6. 發酵好之後，表面塗上適量的鮮奶。

7. 烤箱預熱 190℃，預熱完成，放入烤箱烘烤 13 分鐘 **3**。出爐後盡快將麵包脫模，才不會讓熱氣反潮。

地瓜手撕花圈

地瓜餡含有較多水分，包在麵糰裡會讓麵包更柔軟。而天使模非常適合小花圈的造型，看起來像是小皇冠。花圈中帶著金黃色的地瓜，看起來不但美味，還能提升麵包整體香氣，讓人在不知不覺中就吃完一整個麵包。

> 直徑約 13cm 的
> 迷你天使烤模

材料

麵糰
高筋麵粉	200g
水	55g
鮮奶	55g
雞蛋	20g
砂糖	20g
酵母	2g
鹽巴	2g
奶油	20g

裝飾及餡料
地瓜餡	160g
蛋液	適量
杏仁片	適量

作法

1. 放入所有麵糰材料，麵包機啟動【麵包麵糰】功能，包含揉麵＋一次發酵，60 分鐘。

   ◆ 如果是使用攪拌器，方式為投入除了奶油以外的所有麵糰材料，設定慢速 3 分鐘，轉中速 2 分鐘，之後放入奶油，再設定慢速 2 分鐘、中速 4~6 分鐘（每一台機器不同，重點是要打出薄膜），之後進行一次發酵 60 分鐘。

   ◆ 此處請自行選擇家中麵包機相對應行程，行程總長約 1~1.5 小時左右。

2. 取出麵糰，不需要分割，排氣滾圓，休息 10 分鐘。

3. 將麵糰擀成 35×20cm 長方形 1 ，其中 1/2 塗上地瓜餡 2 。將麵糰對折 3 ，切割成 4 等分 4 。

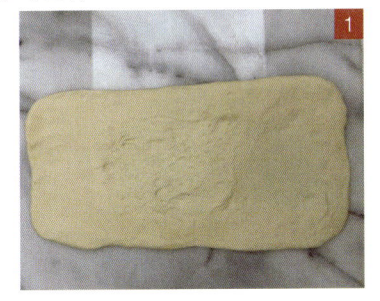

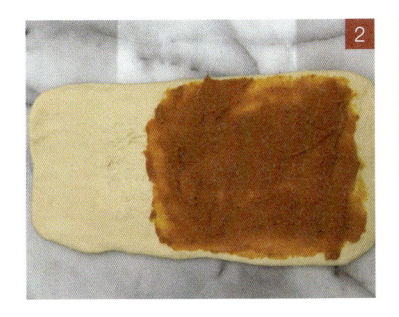

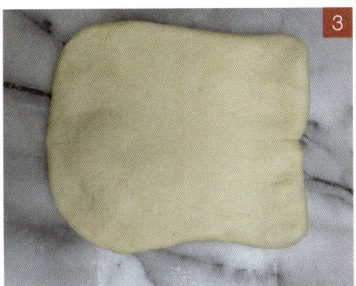

4　取其中 1 等分，從中間分割成 2 等分 5 不切斷，然後兩條麵糰扭轉成辮子狀 6，頭尾接起來。

5　將中空模具塗上適量的奶油，放入麵糰 7。

6　放置於 35℃左右處，發酵 50 分鐘 8。

7　發酵好之後，表面塗上適量的蛋液，放上杏仁片。

8　烤箱預熱 190℃，烘烤 13 分鐘。出爐後盡快將麵包脫模，才不會讓熱氣反潮。

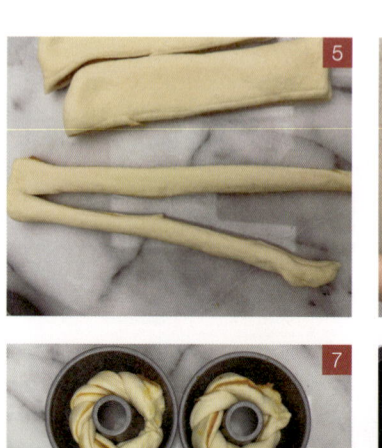

茶香紅豆乳酪手撕花圈

加入茶香的麵包就是特別好吃，這款可以放抹茶、阿薩姆茶、東方美人、鐵觀音等茶粉，都能和紅豆完美結合，再加上奶油乳酪平衡，讓麵包變得更有層次感。

> 直徑約 13cm 的
> 迷你天使烤模

材料

麵糰
高筋麵粉	192g
茶粉	8g
鮮奶	66g
水	65g
砂糖	20g
酵母	2g
鹽巴	2.5g
奶油	15g

餡料
紅豆餡	200g
奶油乳酪	適量

烘烤前
鮮奶	適量

作法

1. 放入所有麵糰材料，麵包機啟動【麵包麵糰】功能，包含揉麵＋一次發酵，60 分鐘。

   ◆ 如果是使用攪拌器，方式為投入除了奶油以外的所有麵糰材料，設定慢速 3 分鐘，轉中速 2 分鐘，之後放入奶油，再設定慢速 2 分鐘、中速 4~6 分鐘（每一台機器不同，重點是要打出薄膜），之後進行一次發酵 60 分鐘。

   ◆ 此處請自行選擇家中麵包機相對應行程，行程總長約 1~1.5 小時左右。

2. 取出麵糰，分割成 4 等分 **1**，排氣滾圓，休息 10 分鐘。

3. 取其中一個麵糰擀成 20×10cm 長方形，鋪上 50g 紅豆餡與適量的奶油乳酪 **2**，將餡料包起來 **3**。

4 麵糰上方割出數等分 4 ，捲起來 5 。

5 將中空模具塗上適量的奶油，放入麵糰。

6 放置於 35℃左右處，發酵 50 分鐘。

7 發酵好之後，在麵糰表面塗上薄薄一層的鮮奶 6 。

8 烤箱預熱 190℃，烘烤 13~14 分鐘 7 。出爐後盡快將麵包脫模，才不會讓熱氣反潮。

蜂蜜核桃軟法手撕花圈

這款麵包配方使用的奶油很少,吃起來沒有負擔而且口感很軟 Q,加上核桃與蜂蜜的香氣融合得很好,鹹甜百搭,是很值得推薦的一款。

> 直徑約 13cm 的迷你天使烤模

材料

麵糰

高筋麵粉	200g
鮮奶	66g
水	65g
蜂蜜	25g
酵母	2g
鹽巴	3g
奶油	10g

投料

核桃	40g

烘烤前

奶油	適量

生核桃處理方法

1. 將核桃清洗乾淨，並瀝乾水分。
2. 放到烤盤上，撒上適量砂糖，放入烤箱以 120℃烘烤 6 分鐘烤出香氣即可，放涼備用。

作法

1. 放入所有麵糰材料，麵包機啟動【麵包麵糰】功能，設定投料，包含揉麵＋一次發酵，60 分鐘。

   ◆ 如果是使用攪拌器，方式為投入除了奶油以外的所有麵糰材料，設定慢速 3 分鐘，轉中速 2 分鐘，之後放入奶油，再設定慢速 2 分鐘、中速 4~6 分鐘（每一台機器不同，重點是要打出薄膜），之後進行一次發酵 60 分鐘。

   ◆ 此處請自行選擇家中麵包機相對應行程，行程總長約 1~1.5 小時左右。

2. 取出麵糰，分割成 4 等分 **1**，排氣滾圓，休息 10 分鐘。

3　取其中一個麵糰再次滾圓，麵糰中央戳出一個洞 2 ，再將洞撐大 3 。

4　將中空模具塗上適量的奶油，放入麵糰 4 5 。

5　放置於 35℃左右處，發酵 50 分鐘 6 。

6　發酵好之後，在麵糰上方剪出尖角 7 ，在剪開處放上適量奶油 8 。

7　烤箱預熱 190℃，烘烤 13 分鐘。出爐後盡快將麵包脫模，才不會讓熱氣反潮。

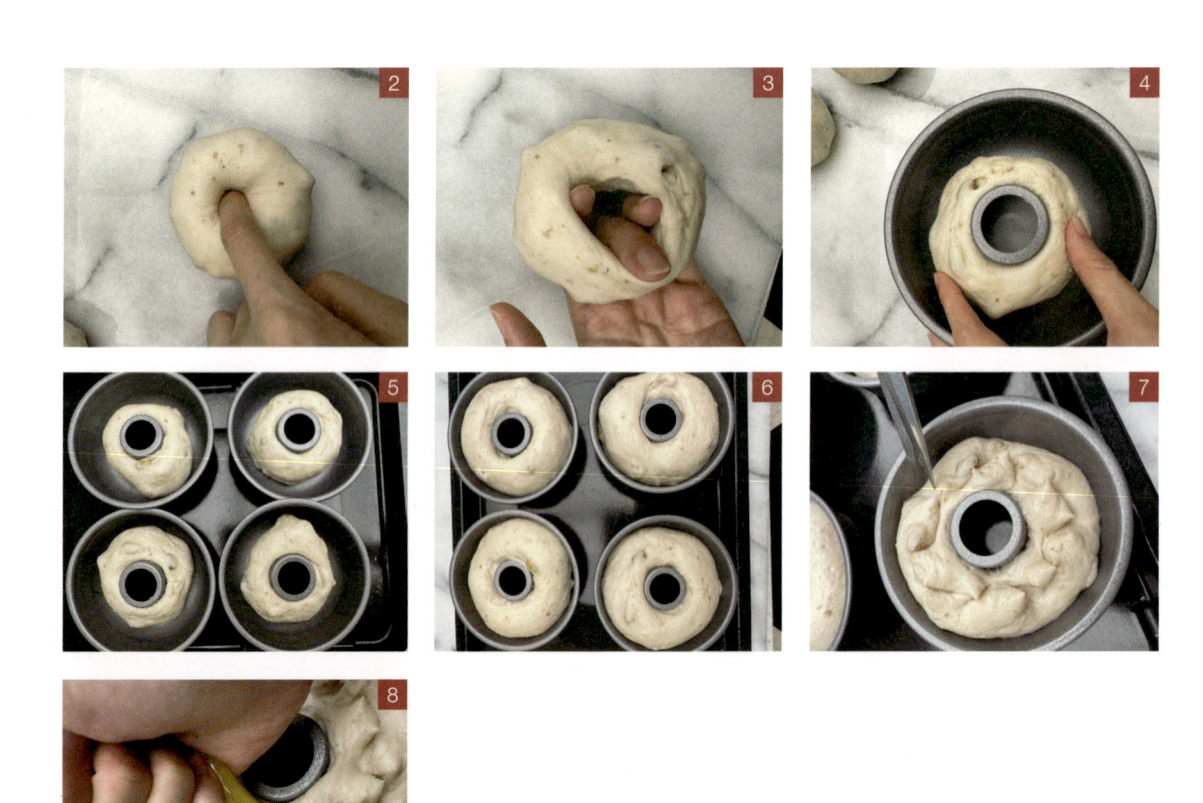

| TIP |
剪出尖角可以讓麵包在經過烘烤後，表皮顯得更加酥脆！

蔥花花圈手撕包

我很喜歡蔥花加上白芝麻的組合，滿滿蔥花香，在咬下去的瞬間，又散發出白芝麻的香氣，真的很加分。或許你常吃蔥花麵包，但卻很少搭配烘烤過的白芝麻一起吃，兩者加乘，是令人難以忘懷的美味。

> 直徑約 13cm 的
> 迷你天使烤模

材料

麵糰
高筋麵粉	200g
鮮奶	55g
水	75g
砂糖	20g
酵母	2g
鹽巴	2g
奶油	15g

餡料
蔥花	50g
鹽巴	1.5g
橄欖油	10g
黑胡椒	適量

作法 將材料攪拌均勻即可。

裝飾
白芝麻	適量

作法

1. 放入所有麵糰材料，麵包機啟動【麵包麵糰】功能，包含揉麵＋一次發酵，60 分鐘。

    ◆ 如果是使用攪拌器，方式為投入除了奶油以外所有麵糰材料，設定慢速 3 分鐘，轉中速 2 分鐘，之後放入奶油，再設定慢速 2 分鐘、中速 4~6 分鐘（每一台機器不同，重點是要打出薄膜），之後進行一次發酵 60 分鐘。

    ◆ 此處請自行選擇家中麵包機相對應行程，行程總長約 1~1.5 小時左右。

2. 取出麵糰，分割成 20 等分，排氣滾圓，休息 10 分鐘。

3. 取其中一個麵糰，拍平，包入適量的蔥花餡料 1 。

撕開麵包

4　麵糰表面噴上適量的水，沾滿白芝麻 2 。

5　將中空模具塗上適量的奶油，放入麵糰 3 ，每一個模具放入五個麵糰 4 。

6　放置於 35℃左右處，發酵 50 分鐘。

7　發酵好之後，在麵糰上方剪出痕跡 5 。

8　烤箱預熱190℃，烘烤 13 分鐘。出爐之後，盡快將麵包脫模，才不會讓熱氣反潮。

撕絲入口！
辣媽 Shania 的秒殺手撕麵包

作　　者｜辣媽 Shania

責任編輯｜楊玲宜 ErinYang
責任行銷｜鄧雅云 Elsa Deng
封面裝幀｜李涵硯 Han Yen Li
內頁構成｜黃靖芳 Jing Huang

發 行 人｜林隆奮 Frank Lin
社　　長｜蘇國林 Green Su

總 編 輯｜葉怡慧 Carol Yeh
主　　編｜鄭世佳 Josephine Cheng
行銷經理｜朱韻淑 Vina Ju
業務處長｜吳宗庭 Tim Wu
業務專員｜鍾依娟 Irina Chung
業務秘書｜陳曉琪 Angel Chen
　　　　　莊皓雯 Gia Chuang

發行公司｜悅知文化　精誠資訊股份有限公司
地　　址｜105台北市松山區復興北路99號12樓
專　　線｜(02) 2719-8811
傳　　真｜(02) 2719-7980
網　　址｜http://www.delightpress.com.tw
客服信箱｜cs@delightpress.com.tw
ISBN：978-626-7537-69-5
初版一刷｜2025年03月
建議售價｜新台幣399元

本書若有缺頁、破損或裝訂錯誤，請寄回更換
Printed in Taiwan

國家圖書館出版品預行編目資料

撕絲入口!辣媽Shania的秒殺手撕麵包／辣媽Shania著. -- 二版. -- 臺北市：悅知文化精誠資訊股份有限公司, 2025.03
180面；19×21.5公分
ISBN 978-626-7537-69-5(平裝)

1.CST: 點心食譜 2.CST: 麵包

427.16　　　　　　　　　114000441

建議分類｜生活風格

著作權聲明

本書之封面、內文、編排等著作權或其他智慧財產權均歸精誠資訊股份有限公司所有或授權精誠資訊股份有限公司為合法之權利使用人，未經書面授權同意，不得以任何形式轉載、複製、引用於任何平面或電子網路。

商標聲明

書中所引用之商標及產品名稱分屬於其原合法註冊公司所有，使用者未取得書面許可，不得以任何形式予以變更、重製、出版、轉載、散佈或傳播，違者依法追究責任。

版權所有　翻印必究

悦知文化 Delight Press

線上讀者問卷 TAKE OUR ONLINE READER SURVEY

撕開麵包的瞬間，
自然的拔絲感實在太療癒！

——《撕絲入口！辣媽Shania的秒殺手撕麵包》

請拿出手機掃描以下QRcode或輸入以下網址，即可連結讀者問卷。
關於這本書的任何閱讀心得或建議，歡迎與我們分享 ☺

https://bit.ly/3ioQ55B

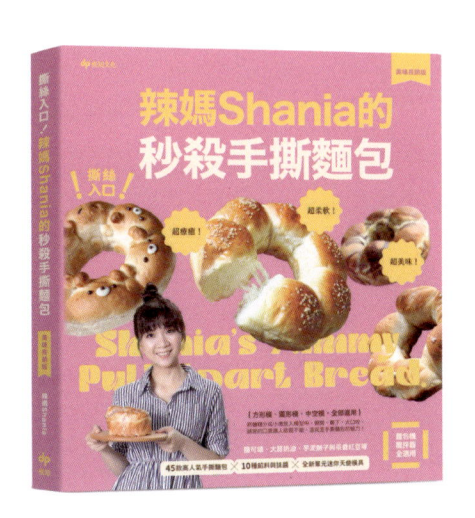

麥典 My Day 實作工坊 HOME-MADE SERIES

"安心手作 樂趣分享"

〈輕鬆解鎖烘焙幸福〉

【麥典實作工坊】

◆ 專為家用攪拌機、製麵包機、手揉開發
◆ 純粹小麥,不使用任何改良劑、添加劑,獲「雙潔淨標章」認證
◆ 內外袋雙層保鮮設計,用多少、開多少,好品質從一而終

百道食譜免費看

愛用者服務專線:0800037520
服務信箱:臺灣臺南市永康區中正路301號
網址:www.uni-president.com.tw
www.pecos.com.tw

統一企業(股)公司
UNI-PRESIDENT ENTERPRISES CORP.

開創健康快樂的明天